新工科建设之路·计算机系列教材

面向对象建模方法

何红悦　朱卫星　王智学　主　编

禹明刚　董庆超　郑卫萍　副主编

電子工業出版社
Publishing House of Electronics Industry
北京•BEIJING

内 容 简 介

本书从软件文化背景入手，分析软件工程面临的问题及软件建模的必要性。以 UML 对象建模语言为背景，由浅入深，由抽象概念到具体实例，全面介绍了面向对象分析与设计方法。本书重点围绕统一建模语言——UML 展开，介绍对象建模的三个核心内容，即对象的概念建模、行为建模和功能建模，并且以一个较为完整的示例介绍这些方法如何在实践中运用。本书提供电子课件，登录华信教育资源网 www.hxedu.com.cn 可免费注册下载。

本书可作为高等学校计算机相关专业本科生和研究生教材，也可作为程序员和分析员基础理论培训教材。

图书在版编目 (CIP) 数据

面向对象建模方法 / 何红悦等主编. —北京：电子工业出版社，2022.3

ISBN 978-7-121-42476-2

Ⅰ. ①面… Ⅱ. ①何… Ⅲ. ①面向对象语言－程序设计－高等学校－教材 Ⅳ. ①TP312.8

中国版本图书馆 CIP 数据核字（2021）第 241654 号

责任编辑：秦淑灵　　　　特约编辑：田学清
印　　刷：天津千鹤文化传播有限公司
装　　订：天津千鹤文化传播有限公司
出版发行：电子工业出版社
　　　　　北京市海淀区万寿路 173 信箱　　　　邮编：100036
开　　本：720×1000　1/16　印张：14.25　字数：255.4 千字
版　　次：2022 年 3 月第 1 版
印　　次：2022 年 3 月第 1 次印刷
定　　价：49.00 元

凡所购买电子工业出版社图书有缺损问题，请向购买书店调换。若书店售缺，请与本社发行部联系，联系及邮购电话：（010）88254888，88258888。

质量投诉请发邮件至 zlts@phei.com.cn，盗版侵权举报请发邮件至 dbqq@phei.com.cn。

本书咨询联系方式：qinshl@phei.com.cn。

前　言

面向对象方法与技术的发展经历了一个漫长的过程。20 世纪 80 年代末与 90 年代初是面向对象发展的重要转折点，也是面向对象技术开始大面积推广使用的时期。早期的面向对象理论与技术多数针对程序实现。但随着该技术的推广使用，人们越发感到其博大精深。其中包含的理论和方法不仅仅适用于编程而且在系统分析与软件结构设计上也优于传统的方法，尤其是在软件全生命期的中后期更能体现其健壮性特征。因此，在 20 世纪 90 年代中后期相继出现了许多基于该理论的建模方法与技术。其中，最具有代表性的应该属对象管理组织（OMG）的统一建模语言（UML）。现在，UML 已经成为行业标准。

现在，面向对象的开发工具已经相当普及，对象建模方法及商品化的建模工具也已经开始应用和推广，有些软件开发工具已经包含了对象建模工具。但不少软件工程师对面向对象的开发缺乏全面的认识，尤其是对面向对象建模的方法与工具感到无从下手。其根本原因是，他们没有真正建立面向对象的理念或思维方式。读者可以试问一下自己：为什么要面向对象，什么是面向对象，如何进行面向对象的分析与设计，我是否了解对象建模语言，我是否能够使用对象建模工具等。本书将针对这些问题给出较为完整的解答，从而使读者掌握面向对象的基本分析与设计方法，自如地运用现代软件建模工具开发应用软件。

本书力求全面介绍面向对象的思想精髓及建立在其基础上的对象建模方法与技术。本书的特点是：第一，聚焦性，本书紧扣软件建模主题，从软件文化发展历史入手，剖析对象建模语言产生的背景和应用前景，重点介绍 UML 对象建模方法的基本内容，帮助初学者和普通软件工程师奠定软件分析与设计的理论基础；第二，理论与实践相结合，书中的对象建模示例采用当前流行的 UML 建模工具 PowerDesign 建模，并且专门安排了软件建模实践内容，将对象建模的基本知识融入实验，易于开展实践性教学；第三，系统性和全面性，本书围绕面向对象分析与设计进行讲解，不仅介绍对象建模的基础知识，而且介绍软件文化的背景知识及软件建模新思想和新方法，为软件专业学生提供一个全面的视野，为其今后向软件架构师和系统分析员方向发展打下良好的理论基础。

本书的出版得到中国博士后科学基金资助项目 2020M671490 的支持。

本书的编写工作由多名专业同志共同完成。这些同志长期从事面向对象分析与设计课程教学和软件工程方法学研究及应用软件开发工作。这些实践工作为本书的创作打下了坚实的基础。由于编写时间较短，书中难免存在不足之处，希望广大读者提出宝贵意见和建议。

作　者

2022 年 1 月

目　　录

第 1 章　软件建模概述 1
1.1　计算机软件及其编程语言发展的启迪 1
1.1.1　计算机编程语言发展史 1
1.1.2　人类语言与计算机编程语言对比 2
1.1.3　需求鸿沟及解决方法 4
1.2　软件工程 5
1.2.1　软件危机 5
1.2.2　软件工程方法 6
1.2.3　需求工程 6
1.2.4　模型驱动工程 7
1.3　建模的基本原理 8
1.3.1　知识的概念 8
1.3.2　模型的概念 9
1.3.3　元模型及其作用 13
1.3.4　建模的基本原则 14
1.4　本章小结 18
1.5　习题 18
第 2 章　面向对象的基本概念 19
2.1　对象的概念 19
2.1.1　面向对象的思想 19
2.1.2　什么是对象 20
2.1.3　什么是类 21
2.1.4　什么是实例 22
2.1.5　计算机程序与对象 23
2.2　对象模型的概念 23

2.2.1 现实世界的对象模型 24
2.2.2 计算机世界的对象模型 24
2.2.3 对象模型的可视化表示 25
2.3 面向对象分析设计的共性问题 26
2.3.1 对象的封装 26
2.3.2 对象的抽象层次 27
2.3.3 对象的多态性 28
2.3.4 对象之间的信息交互 29
2.3.5 软件复用 30
2.4 其他方法比较 32
2.4.1 面向过程的方法 32
2.4.2 面向数据的方法 33
2.4.3 面向控制的方法 33
2.5 本章小结 34
2.6 习题 35
第3章 统一建模语言 38
3.1 UML 概览 38
3.1.1 UML 的起源与发展 38
3.1.2 UML 的作用 40
3.1.3 UML 方法论 40
3.2 UML 机理 42
3.2.1 UML 建模机制 42
3.2.2 UML 扩展机制 48
3.2.3 UML 形式化机制 50
3.3 UML 2.0 与 UML 1.0 的区别 54
3.3.1 类图的区别 55
3.3.2 用例图的区别 56
3.3.3 活动图的区别 56
3.3.4 UML 2.0 新增的模型图 58

3.4 本章小结......60

3.5 习题......61

第4章 对象概念建模......62

4.1 概念建模及其意义......62

4.2 UML类图和对象图表示法......64

4.2.1 类和对象的表示法......64

4.2.2 属性的表示法......66

4.2.3 操作的表示法......67

4.3 对象之间的联系及其表示法......68

4.3.1 关联关系及表示法......68

4.3.2 聚合关系及表示法......70

4.3.3 关联类关系及表示法......71

4.3.4 依赖关系及表示法......73

4.3.5 其他关系及表示法......74

4.4 对象概念的泛化与继承......76

4.4.1 泛化的概念及应用......77

4.4.2 继承的概念及应用......78

4.4.3 对象的多态性及应用......80

4.5 理解概念模型......83

4.5.1 理解的概念......83

4.5.2 理解的关系......85

4.5.3 理解的细节内容......86

4.6 建立概念模型......87

4.6.1 识别对象及其关系......87

4.6.2 识别对象属性......90

4.6.3 识别对象操作......93

4.6.4 概念模型的精化......95

4.7 其他UML静态概念模型......96

4.7.1 包图......97

4.7.2 对象图 98
4.7.3 组件图 99
4.7.4 复合结构图 101
4.8 本章小结 102
4.9 习题 103
第 5 章 对象行为建模 104
5.1 行为建模的基本概念 104
5.1.1 行为模型及其意义 104
5.1.2 基于 UML 的行为建模方法 105
5.2 UML 状态图表示法 105
5.2.1 状态图的基本元素 105
5.2.2 一般状态图 107
5.2.3 复杂状态图 108
5.3 UML 状态图应用 110
5.3.1 状态模型的适用范围及作用 110
5.3.2 建立状态模型 111
5.3.3 状态模型与对象概念模型的关系 113
5.4 UML 活动图表示法 114
5.4.1 活动图的基本元素 114
5.4.2 一般活动图 115
5.4.3 分层活动图 117
5.4.4 泳道活动图 117
5.4.5 对象流活动图 118
5.5 UML 活动图应用 120
5.5.1 活动图的适用范围及作用 120
5.5.2 建立活动图 120
5.5.3 活动图与对象概念图的关系 123
5.5.4 状态图与活动图的比较 123
5.6 UML 交互图表示法 124

5.6.1 时序图 124
5.6.2 通信图 129
5.6.3 交互概览图 130
5.7 UML 交互图应用 130
5.7.1 交互模型的作用 131
5.7.2 建立交互模型 132
5.7.3 交互模型之间的关系 136
5.7.4 交互模型与概念模型的关系 136
5.8 本章小结 137
5.9 习题 137
第 6 章 对象功能建模 138
6.1 功能建模的基本概念 138
6.1.1 功能模型及其意义 138
6.1.2 基于 UML 的功能需求分析方法 139
6.2 UML 用例图表示法 140
6.2.1 角色 141
6.2.2 用例 143
6.2.3 关系 144
6.3 UML 用例图建模 147
6.3.1 用例模型的作用 147
6.3.2 理解用例模型 148
6.3.3 建立用例模型 151
6.3.4 描述用例细节 159
6.4 本章小结 163
6.5 习题 164
第 7 章 系统建模 166
7.1 系统建模概述 166
7.1.1 系统的概念 166
7.1.2 系统建模 168

7.2 组件建模 169
7.2.1 组件建模概述 169
7.2.2 组件建模元素 170
7.2.3 组件建模示例 173
7.3 复合结构建模 174
7.3.1 复合结构建模概述 174
7.3.2 复合结构建模元素 175
7.4 系统建模语言 176
7.4.1 系统建模语言概述 176
7.4.2 系统结构建模 180
7.4.3 系统行为建模 183
7.4.4 系统需求建模 185
7.5 本章小结 186
7.6 习题 187
第 8 章 软件建模实践 188
8.1 PowerDesigner 工具介绍 188
8.1.1 PowerDesigner 主界面 188
8.1.2 PowerDesigner 支持的模型 189
8.1.3 PowerDesigner 新建模型的步骤 191
8.1.4 PowerDesigner 的工具选项板 193
8.2 案例介绍 194
8.2.1 项目背景及需求概要 194
8.2.2 需求分析 195
8.2.3 软件分析建模 199
8.2.4 软件设计建模 210
8.3 本章小结 215
参考文献 216

第 1 章

软件建模概述

本章从计算机编程语言及软件技术的发展过程出发，分析人们在软件学习时遇到的困惑及当前的软件工程新方法，简要介绍软件建模相关的概念、方法和技术，激发学生的学习和研究兴趣，为其今后在软件建模方面进行深入研究打下一定基础。

1.1　计算机软件及其编程语言发展的启迪

软件建模是随着计算机编程语言、软件开发技术的不断发展，以及软件规模的不断扩大而生的。我们需要站在软件文明发展的历史角度，了解计算机软件的发展水平和技术特点，认识人类语言与计算机编程语言的根本差异，这样才能深刻理解为什么需要建模，从而在今后的学习中才能真正把握和较好运用软件建模的基本原理与方法。

1.1.1　计算机编程语言发展史

自第一台计算机诞生至今短短几十年的时间，计算机软件从无到有，发生了很大变化，从最初的仅局限于科学计算发展到今天几乎无处不在的软件应用，同时，计算机编程语言也在不断发展。最早的软件是由机器语言编写的，由 0 和 1 组成，其主要应用于解决特定的科学计算问题，针对每个问题单独编程，程序员必须牢记机器指令的二进制数字组合。此时的软件开发不仅枯燥，而且还容易出错。随后出现了汇编语言，它使用字母缩写表示机器指令，例如 ADD 表示加，MOV 表示移动数据。当使用汇编语言编写的软件在计算机上运行时，编译器会将汇编语言语句翻译成机器代码，此时程序员仅需要掌握汇编语言即可，从而简化了软件开发过程。但是汇编语言还是和自然语言、数学语言差异过大。随后，软件科学家们就研究出高级编程语言，如 FROTRAN、LISP、BASIC 等。高级编程语言的指令形式类似于自然语言，提高了程序的可读性。每个高级编程语言都有配套的编译器，编译器将高级编程语言语句翻译成机器指令，这时的软件开发人员已经不需要懂得机器语言和汇编语言就能进行软件开发了。然而，当时的计算机软件仍然主要用于科学计算。软件的特点是程序规模小，所需编程技巧高，个性化创作强，要求精练高效以应对当时内存容量和 CPU 效率十分有限的运行环境。

在 20 世纪 60 年代，人们开始意识到软件的个性化创作使程序变得异常复杂而难以阅读，给程序修改和维护带来极大的困难。于是，人们开始从程序语言上限制和规范编程行为，由此产生了结构化编程语言，如 Pascal、C 等。采用结构化的软件设计和编程语言之后，程序不但可以高效运行，更重要的是其可读性大大增强。与此同时，软件技术领域诞生了一项革命性技术——数据库技术。它使计算机的应用领域不再局限于科学技术，而信息管理这个新生的应用领域为计算机带来了无限的拓展空间。计算机从此使人类可以方便、高效地存储和处理信息。但是，随着计算机应用领域的拓展，软件需求和程序规模级数上升，软件开发的个性化和无序使得工程师们难以控制软件质量，从而导致了“软件危机”。人们开始寻求通过软件工程化的思路来拯救这场危难，提出了许多软件工程理论方法。但是，软件工程并不是“灵丹妙药”，软件危机问题至今仍难以得到彻底解决。

在工业界试图采用软件工程来解决“软件危机”的同时，科学家们开始注意到软件危机的根源仍然是编程语言的不足，这导致了计算机编程的无序。以往的程序语言是为计算机控制流而设计的，是一种面向过程的语言，而人类的思维是基于逻辑概念的推理和计算。但在软件程序中没有概念和推理，只有数据变量和计算。由此，软件学家们发明了面向对象的编程语言，试图将人类概念中的事物映射为软件中的对象，从而使计算机编程语言在逻辑上更接近人类自然语言。于是，诞生了一批面向对象的程序设计语言，如 Smalltalk、Eiffel、JAVA、C++、C#、python 等，形成了现在的主流编程语言。面向对象的程序设计不仅增强了软件程序的可读性，更重要的贡献是大大提高了软件的模块化程度及伸缩性和易维护性，使得程序的复杂性变得可控，从而使大型团队开发超大规模软件成为可能。

1.1.2 人类语言与计算机编程语言对比

许多科幻片夸大了人工智能技术的作用，认为一旦人工智能技术发展成熟，便可使人工智能机器的智慧超越人类，甚至统治人类。但是，现实中的计算机却很难拥有人的智慧，不能完全取代人去做决策。语言的发展水平就是文明和智慧发展水平的关键标志。我们从计算机编程语言与人类语言的对比中就可以发现，机器的智能与人类的智慧相差甚远，人类与机器还存在较大的“沟通障碍”。

人类的自然语言历经了几千年的发展，拥有丰富的内涵。人类语言中有无穷的概念，每一个概念对于计算机来说都是一个无限集合。概念之间又是相互联系的，对于计算机来说这种概念乘积是难以计算的，而且人类的概念是随场景和人的知识背景不同而有着较大差异的，即从一般意义上来说人类的概念具有模糊性和不确定性。人类之所以能够做出准确的表达和判断，是因为随着场景和人的确定，这种模糊性和不确定性会逐步减少，甚至变为完全确定。人脑的思维就是建立这些概念和基于这些概念的推理，包括对事物的认识、表达、理解、判断和预测等。从本质上说，思维不是简单的线性计算逻辑。

计算机编程语言是一种建立在逻辑代数、集合论、数理逻辑等基础上的数学语言。它是一种精确的、无二义性的、确定的形式语言。美国语言学哲学家乔姆斯基（Chomskey）将形式语言划分为四类：短语语言、上文有关语言、上下文无关语言和正规语言。绝大多数计算机编程语言属于上下文无关语言，即程序中所有词汇的含义都不随语境的变化而变化。由于计算机的发明者是将它用于科学计算，因此这种形式语言完全满足应用需求，因为所有的科学计算问题都必须形式化表达，用计算机编程语言表达不存在逻辑障碍。

但是，相对人类语言来说，计算机编程语言表达十分狭隘，只有非常少的词汇和语句种类，没有与人类语言相同的概念。与掌握数学语言一样，只有经过专门训练的程序员才能与计算机进行“交流”。计算机硬件只懂得数据存取和计算，不理会数据的含义，没有信息的概念。要想使计算机为人做特定的服务，必须为计算机设计特定的执行程序——软件。软件将人类要做的事情转化为数据存取和计算操作，并详细告诉计算机应该做的操作和步骤。

这个“转化”是十分困难的，因为自然语言与计算机编程语言之间并没有一个简单的映射关系。其实，人类不同的自然语言之间相互翻译也并不容易，比如英汉翻译如果单凭查阅英汉字典进行逐字翻译，显然不能准确表达原文含义。因此，我们还要了解两个语言的差异、文化的差异；要理解文字表达的含义；要在众多的语句中找出最恰当的一个；等等。这是一个思维、组织、创造的过程，不同人的翻译作品可能各不相同，有时还可能存在误解。而将自然语言“翻译”成计算机编程语言的过程更为复杂，有更多的创造性因素，编写的计算机程序可能有更多的差异或错误。这种差异和错误造成的后果可能十分严重。因此，许多计算机科学家认为，这个转化是一种失控的、随意性较大的过程。自然语言和计算机编程语言之间存在一个巨大的鸿沟。这个鸿沟来自数学语言与自然语言的差异，来自计算逻辑和人类思维逻辑的差异，来自计算机文化和人类文化的差异。在这个差异中人们无法找到直接对应关系，甚至没有一个类似于英汉字典那样的辅助工具可以借用。

1.1.3 需求鸿沟及解决方法

软件需求与软件实现之间存在巨大差异。需求来自软件使用者，其初始描述往往是自然语言。从语言角度看，它与软件程序是完全不同的。但它必须完全转化为计算机程序。其过程是，需求由用户提出并做最初的描述，经过系统分析人员理解和消化，形成需求文档，再经过软件开发人员设计和编程，逐步被转化为计算机程序。因此，需求到程序的转化不是直接的，需要经过若干步骤，其中包含大量的人工创造性活动。而后者存在随意性，可能使得部分需求丢失，或者可能扭曲了一些需求要素。这样造成了从需求到程序之间转化的损失。这种损失往往要等到程序开发出来后，看到了实际应用时，用户才明白这不是他们所要的东西。我们把这种现象称为“需求鸿沟”。

造成需求鸿沟的另一个重要原因是，用户和系统开发人员没有共同语言，即用户不懂计算机编程语言，开发人员不能深刻理解用户提及的业务术语概念的内涵。有时，双方认为已经相互理解，但实际上仍有许多模糊不清的地方。许多语言本身的背景知识是不言而喻的，就像中国人去做客在接受主人招待时总是喜欢先谦让，而外国人则不理解，因为在他们的语言文化中，如果主人问你是否喝点饮料你说“No”则表示真的不想喝。这种语言文化的差异往往要“吃过一次亏”以后才明白。

为了解决需求鸿沟，人们一直在寻找一种需求表述的中间性语言。利用该语言描述的需求可以被用户和开发人员双方所理解，更重要的是其可以将需求直接转化成计算机程序。当然这是理想状况，可能十分难求。建模语言就是一种尝试。建模语言一方面可以精确地描述用户的需求，使需求直接向设计和程序转化成为可能；

另一方面为用户和开发者双方提供了一个共同探讨和表述需求的标准语言。

软件建模语言就像是在这个“沟壑”上架起的桥梁。它试图将计算机编程这个发散、无序的过程纳入收敛、有序的轨道。从语言分类角度看，形式化建模语言是一种中间性质的数学语言。它往往采用结构化或形式化的描述框架（包含各种形式化描述符号及逻辑关系），同时也允许在细节问题上采用非形式化的自然语言解释性描述。

软件建模语言也经历了一个发展过程。在 20 世纪 80 年代，建模语言主要基于结构化分析和设计，如数据流图（DFD）、实体关系（E-R）图、集成定义语言（IDEF）等。这些建模方法和语言至今仍然应用非常广泛，它们非常适合描述大量的、复杂的数据关系和结构。而到了 20 世纪 90 年代，由于大多数编程语言是面向对象的程序设计语言，因此面向对象建模语言成为适用于软件开发最流行的建模语言。这种建模语言建立的模型在软件开发过程中起到了人类自然语言翻译中字典的类似效果，甚至可通过模型转换机制将对象模型直接翻译成计算机程序。

当前大多数面向对象建模语言采用可视化技术，通过图形直观地表述各种数学标记和建模的内容，因此被称为可视化面向对象建模语言。其中，最为流行的是统一建模语言（UML）。它是由三位著名的软件工程大师布驰（Booch）、兰拔（Rumbaugh）和雅柯布森（Jacobson）提出的，并得到对象管理组织（OMG）认可，最终形成了相关工业标准。

1.2　软件工程

本节简要介绍软件工程领域的新概念（术语）和观点，引出需求工程、模型驱动工程等新理论和新方法，使读者理解面向对象建模在现代软件工程实践中的作用。

1.2.1　软件危机

软件工程的兴起是因为 20 世纪60年代出现的软件危机。随着软件应用的日益增多，在软件的开发和维护过程中出现了一系列严重问题，如用户的需求一直在变化，计算机硬件有了更新等。使得很多软件项目开发时间大大超出了规划的时间表，同时开发预算也严重超支，有些软件还以失败告终，甚至因为某些软件问题而造成了重大事故。软件开发人员也发现软件开发的难度越来越大。

20世纪60年代的OS/360操作系统就是一个典型的案例。OS/360是第一个超大型的软件项目，它使用了1000人左右的程序员，由著名的美国计算机大师弗莱德·布鲁克斯（Fred Brooks）负责该研发项目。这个经历了数十年且极度复杂的软件项目，几经周折，不断调整方案，最终产生了一套不包括在原始设计方案之中的操作系统。不过，该系统却为现代操作系统奠定了基础，到现在为止，它仍然在IBM360系列主机中使用。布鲁克斯在随后的著作《人月神话》中曾经承认，软件危机已经发生，有时就为一个错误竟付出了数百万美元的代价。他在1986年发表的论文《没有银弹：软件工程的本质和事故》中断言："在10年内无法找到解决软件危机的'银弹'。"这篇论文引起了巨大的反响。三十多年过去了，软件工程界依然没有找到"银弹"。

1.2.2 软件工程方法

自从软件危机被提出以来，人们一直在寻找解决它的方法，提出了许多软件工程方法，比如结构化分析与设计、面向对象分析与设计、面向方面的程序设计、敏捷开发、测试驱动开发、模型驱动开发、需求工程等。软件工程方法涉及面很广，包括项目管理、需求分析、架构设计、软件编码、测试和质量控制。这些方法随着软件开发技术的演化而不断改进，同时反映了人们在不同的时代对于开发过程的不同认识，以及对于不同类型项目的理解方法。从早期瀑布式的开发模型到后来出现的螺旋式的迭代开发，以及2000年以后开始兴起的敏捷开发方法。

面向方面的程序设计（AOP）被认为是近年来软件工程的另外一个重要发展方向。这里的方面指的是完成一个功能的对象和函数的集合。在这一方面相关的内容有泛型编程和模板。

1.2.3 需求工程

需求工程（RE）是系统工程和软件工程的一个交叉分支。按照英国计算机学会（British Computer Society）给的定义：需求工程是关于系统需求的获取、定义、建模、文档化和验证，它综合了软件工程、知识获取、认知科学和社会科学等多门交叉学科技术。

需求工程是随着计算机软件工程发展而被提出的。在计算机发展的初期，软件规模不大，人们在软件开发时所关注的是代码编写，而用户需求分析很少受到重视。后来软件开发引入了生命周期的概念，需求分析成为其第一阶段。随着软件系统规模的扩大，需求分析与定义在整个软件开发与维护过程中越来越重要，直接关系到软件的成功与否。人们逐渐认识到需求分析活动不再仅限于软件开发的最初阶段，它贯穿于系统开发的整个生命周期。20 世纪 80 年代末，软件工程的子领域——需求工程诞生了。

需求工程试图通过良构的需求过程和有效的需求获取、需求规约、需求验证以及需求演化管理等方法，消除因“需求鸿沟”给软件过程带来的不利影响，使 IT 项目摆脱各种需求问题导致的项目危机。其中，需求获取主要解决开发人员因缺乏相关领域知识不能正确理解用户的要求，用户也因缺少 IT 项目经验难以提出具体的软件需求等问题；需求规约主要解决用自然语言描述需求说明文档导致需求中可能存在许多模糊、冲突、二义性等因素从而使需求不确定，给项目带来极大风险等问题；需求验证主要解决开发人员理解的需求是否与用户需求一致以及需求本身是否完整，是否能够解决用户面临的问题等难题；需求演化管理主要解决如何评估和管理开发阶段，甚至系统投入后因需求变化所造成的各种影响，包括成本上升、设计变更、程序修改以及文档不一致等问题。

需求工程理论的研究和发展与软件工程理论与实践密切相关，许多理论方法和技术都以软件工程方法为基础。需求获取、需求规约和需求验证方法中都可能涉及需求建模，而本书所介绍的 UML 面向对象建模方法不仅是一种常用的软件建模方法，而且也不失为一种很好的需求建模基础语言，人们通过对 UML 的扩展则可定义一种面向特定领域的需求描述或建模语言。

1.2.4　模型驱动工程

在现代软件工程实践中，人们认为模型可以从用户视角准确表达软件需求，可以从开发人员视角准确表达软件的设计思路和程序框架，因此软件过程应该以模型为中心，模型是实现系统的基础。因此，模型驱动工程（MDE）成了一种软件开发方法学。其核心理论就是先对特定领域的概念进行建模，对业务领域的事物本质进行抽象描述，尔后将这些抽象概念转换为计算概念或算法，最后转换为计算机程序。

这样，可以有效促进项目团队和个人的相互沟通，简化设计过程，提高系统之间的兼容性，最终提高软件生产效率。

MDE 方法论是在 20 世纪末由 OMG 发起的，得到了工业界的广泛支持。其代表方法就是模型驱动体系结构（MDA）方法。作为一种软件开发方法学，MDE 涉及许多软件开发方法，但它们都是以软件建模为基本形式的。有些是在一定抽象层次上构建软件需求或设计模型，然后采用人工编码方式开发程序；而有些则涉及构建完整的软件模型，包含可执行动作；可以从模型生成代码，包括软件框架，甚至完整的、可部署的软件产品。

在 MDE 方法论中，UML 就是基本的建模语言。随着 UML 建模方法的普及，MDE 已得到了非常广泛的应用，并得到了许多商业工具的支持，如 IBM Rational Rose 等。为了使 UML 能够描述与硬件物理环境紧密耦合的嵌入式系统、自动化系统等模型，并使 UML 在系统工程领域得到更为广泛的应用，OMG 对 UML 2.0 进行了扩展，提出了系统建模标准语言 SysML 1.0。该部分内容在本书中作为高阶学习内容。此外，为了弥补 UML 形式化语义较弱，统一 UML 可执行动作语义的规范定义，OMG 于 2011 年发布了可执行 UML 语义规范《Semantic of a Foundation Subset for Executable UML Models（fUML），v1.0》，为系统建模进一步研究可执行模型验证和代码自动生成等技术奠定了基础。不过，本书的出发点是传授面向对象基本理论方法的相关知识，将不讨论该方面的内容。

1.3 建模的基本原理

为了让读者更好地学习面向对象建模理论，本节简要介绍一些关于软件系统建模的基本概念，使读者了解为什么要建模，生活中存在哪些形式的模型，软件开发中有哪些常用的建模方法，模型与元模型的关系是什么，等等。

1.3.1 知识的概念

有许多高年级学生，甚至从业多年的软件工程师，对知识、信息和数据这三个软件工程领域中最常见、最基本的概念的认识仍然十分模糊。这对于人们学习和理解软件工程中许多的理论方法，提高软件工程水平十分不利。如果你不相信，则可以试着问自己：信息系统存储的究竟是数据、信息还是知识？为什么我编的程序有时会导致数据错误？为什么我编的程序不能满足用户要求？

每个程序员都知道，计算机系统处理的数据就是以数字方式存取的信息，信息就是有含义的数据，如果不理解数据的含义也就没法实现处理信息的程序。但是，当一个应用系统经过多人修改后，后来的程序员还真正理解数据库中每条数据的确切含义吗？在项目工期紧迫关头，你是否真正将海量数据库中的数据逐一搞清楚后才编程吗？

数据建模是软件开发中必要的过程，也是解决以上问题的核心所在。但是，仅仅将数据模型与程序相联系是不够的。因为，那样人们仅仅能够从程序实现角度理解数据的含义，不能理解数据在用户业务过程中起到的关键作用。数据在用户脑子中有可能是一条反映某个事实情况的信息，也有可能是一组用于业务决策的信息——知识。一条知识可能包含多条信息或多个不同数据。数据按照一定的逻辑关系组成了信息，后者再通过一定的逻辑关系组成知识。用户需求的变化往往导致这种逻辑关系发生改变，因此影响了程序处理逻辑。所以，数据建模不能简单看作是数据结构建模，而是信息结构建模、知识结构建模，甚至是需求概念建模。较好的软件工程实践是将程序模型与上述模型关联起来，在每次变化（无论是底层的程序修改还是高层的需求或设计改变）中都能保持它们之间的一致关系。

另外，前面谈到了需求工程中的领域知识问题。它往往是需求分析人员对用户业务不了解导致的。因此，在需求分析中增加领域建模环节往往是必要的。领域建模就是捕捉领域知识，以结构化方式表达和存储领域知识的过程。由于用户的业务领域知识通常是相对稳定或固定的，因此领域知识一旦被建模，就可能被同类项目所复用。在软件工程中就有一种领域工程方法论，它不仅提倡复用领域知识，而且通过领域知识组织可复用的软件组件，因此可大大提高软件生产效率。

1.3.2　模型的概念

模型是对事物的某些方面进行简化或抽象，并以直观方式表达和描述的结果。它反映了人们所关注的某些事物特征。人们在生活中就会遇到许多种模型，比如建筑图、管线图、电路板设计图等；表达方式也有多种，如平面图、立体图、直方图、圆饼图等。

软件工程所关注的是软件/系统模型、领域模型和需求模型。软件模型或系统模型是对软件/系统的功能、数据、结构以及行为等技术支撑特征的抽象描述。领域模型是对软件或系统运行环境约束的抽象描述。只有将二者都分析清楚，才能搞清楚软件需求。换句话说，软件系统的需求模型是系统模型和领域模型的交集。它们之间的关系如图 1-1 所示。

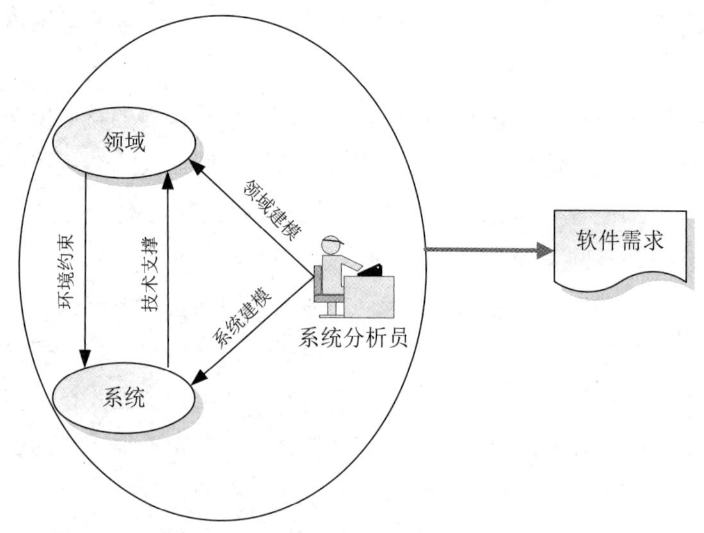

图 1-1　系统模型、领域模型与软件需求三者之间的关系

目前，常见的建模方法包括 DFD、E-R、IDEF、UML、SysML 等。下面做一个简要介绍。

1. DFD 模型

DFD 方法是一种传统的系统功能分析方法，采用自顶向下逐步分解方式分析软件系统的功能。每个分解层次都是一幅数据流图，可以将系统处理流程、流程中涉及的活动（功能）及每个活动的输入和输出清晰地展现出来。图 1-2 给出了一个网上订货功能分析的 DFD 模型示例。该图反映了网上订货顶层功能及数据处理流程。如果有必要可以对某层数据流图中的活动进行分解，画出一幅细化的数据流图。如此反复，可形成一套自顶向下逐步分解的功能分解图。

DFD 建模是一种结构化分析与设计方法。由于 DFD 模型可反映系统分析的关键要素，建模方法非常简单、易于掌握，且符合人们从抽象到具体的思维习惯，所以曾经被广为使用。由于 DFD 模型不能体现面向对象的分析和设计理念，因此目前在软件设计中已很少采用。但这种方法仍然适用于大型系统工程的功能分析。

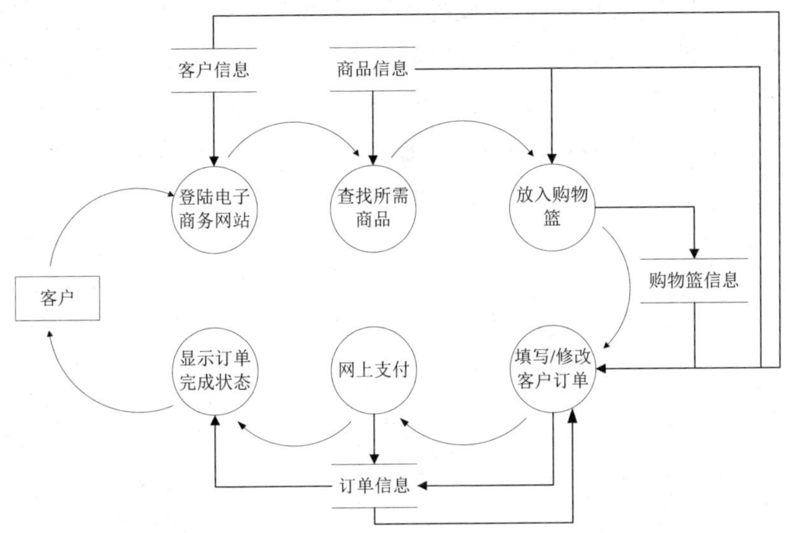

图 1-2　网上订货功能分析的 DFD 模型示例

2．E-R 模型

E-R 图是一种传统的数据/信息建模方法，采用数据的概念模式–物理模式映射将领域与系统关联起来，分析系统中涉及的数据和信息。该方法首先对领域（现实生活）中需要处理的信息进行概念建模，然后将概念实体映射为数据实体，并针对数据库中的数据实体和关系进行设计。图 1-3 给出了一个 E-R 图模型示例，它反映了图 1-2 中信息的概念模型。

E-R 建模也属于结构化分析与设计方法。其最大优势在于，与 DFD 建模完美结合，并能够将现实生活中信息相关的概念模型（即领域模型）无缝转换为计算机系统中的物理数据模型（即系统模型）。

3．IDEF0/1X 模型

IDEF 是一套用于系统分析和设计的建模方法，其中最常用的是系统功能建模 IDEF0 和系统信息建模 IDEF1X 方法。它们也属于结构化分析和设计方法。IDEF0 建模的作用与 DFD 模型类似。该方法也采用了自顶向下的分解方式，对流程中的活动及其数据输入和输出进行建模；但 IDEF0 模型能表达的信息更丰富，不仅包括活动的输入/输出，而且还能表达活动由谁执行（机制）及约束活动的规则等。例如，图 1-4 反映了人们在查找商品时可按商品种类和价格查找，网上支付时可选择提供网银服务的银行等，这些都是活动规则描述；此外，还可看出查找商品、放入购物篮、填写/修改订单和网上支付活动是由客户执行的。IDEF1X 是一种改进的 E-R 建模方法，在建模原理上没有多少差异。IDEF0 和 IDEF1X 目前在大型系统的分析和设计中应用十分广泛，几乎取代了传统的 DFD 和 E-R 建模方法。

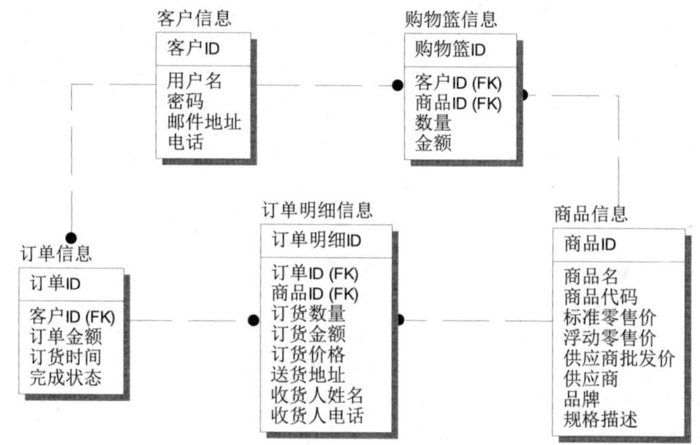

图 1-3　网上订货信息分析的 E-R 模型示例

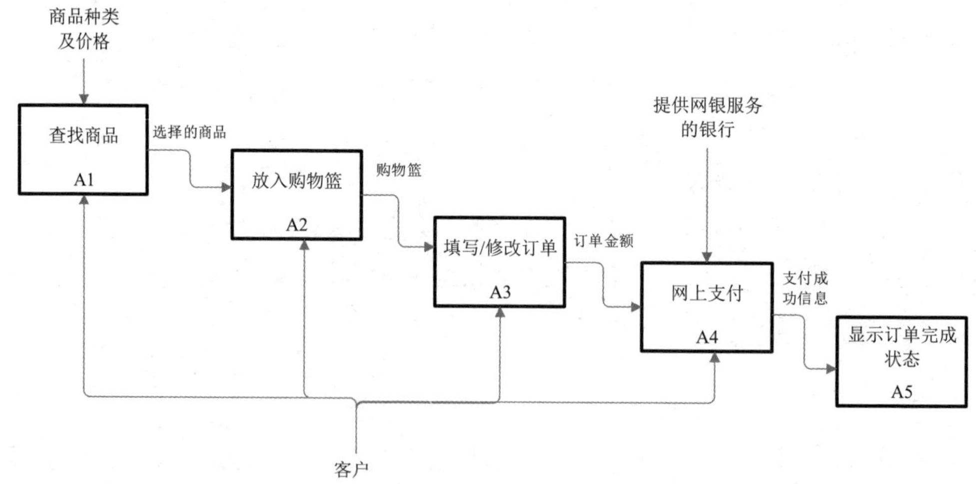

图 1-4　网上订货功能分析的 IDEF0 模型示例

4．UML/SysML 模型

随着面向对象的分析和设计方法成为软件工程的主流方法，软件工程师更青睐于使用 UML 建模。关于 UML 模型的表现方式和建模原理详见后续章节。这里简要分析面向对象的设计理念与结构化设计理念的区别。

与传统的结构化分析和设计方法不同，UML 用于领域分析和软件设计时关注的焦点不是系统的功能和流程，而是与现实生活紧密联系的对象，即分析现实中的对象是什么，它们之间存在什么关系，它们如何协作完成任务等；进而再分析系统中应该设计什么对象，如何使这些对象分工明确而又能密切协作完成系统功能。这种分析和设计方法的先进之处在于，它能够将现实中的对象及其活动与软件系统中的对象及其活动联系起来，将系统需求与软件设计及实现对应起来，使软件设计逻辑更接近人类思维模式。不要小看这种变化，这种将需求与设计及实现的逻辑相互映射是软件工程界所追求的终极目标。如果能够构造完整的逻辑映射关系，则有可能开发出将需求自动转换为设计，再自动转换为程序代码的软件开发工具。届时，软件生产效率将极大提升。

SysML 是通过 UML 扩展得到的，是用于系统工程领域的建模语言。其建模基础依然是 UML，是一种面向对象的系统建模语言。它可以描述嵌入式或自动控制系统的物理特性，允许采用数学计算公式对物理特性进行精确描述，可用于对物理系统进行仿真建模。

1.3.3　元模型及其作用

建模就是采用特定的符号系统对实际系统的抽象表示。前面讨论的 DFD、E-R、IDEF0 等都是软件工程或系统工程领域常用的符号系统，也称为软件建模语言或系统建模语言。定义和解释这种特定符号系统的模型被称为元模型，描述元模型的符号系统称为元语言。元语言必须具有足够的描述能力，且不受特定领域的限制，因此通常是一种领域通用的描述语言。UML 就是一种不错的选择。

用 UML 来描述 IDEF0 的建模语法/语义，可得到一个 IDEF0 的元模型，如图 1-5 所示。该模型可解释 IDEF0 建模的基本概念：（1）IDEF0 活动图包括“活动”及若干流入和流出该活动的“活动连线”，每个连线包含一个“连线描述”；（2）“流入”可分为“输入”“控制”和“机制”三种，“调用”属于一种特殊的机制，“流出”就是活动的“输出”，如果一个活动的输出是另一个活动的输入则它们（即流出连线与流入连线）合并为一条连线；（3）活动可以是由多个活动组成的“复杂活动”，因此在一个活动图中可以对其中的某个活动进行分解，构成另一个活动图。

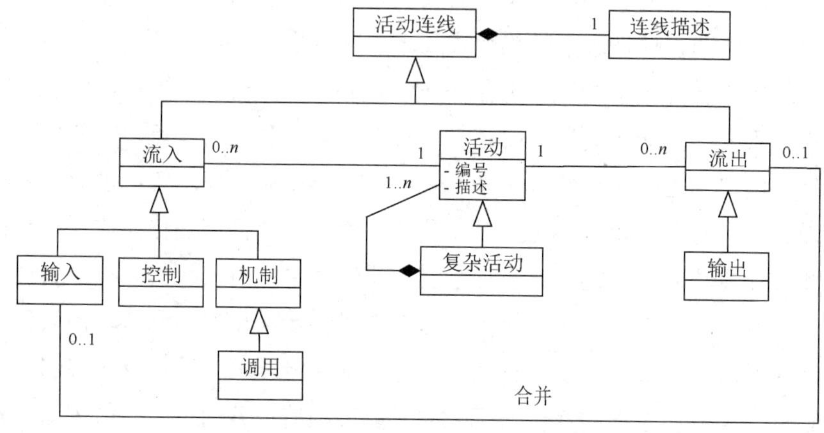

图 1-5　用 UML 描述的 IDEF0 元模型示例

一般的建模人员可能并不关心符号系统的元模型，因为他们的脑子里已经熟练掌握了建模的基本概念。但如果他们感到该符号系统的建模能力不符合特定领域的建模需求，需要增加一些新符号或为某个符号赋予特定语义时，就需要修改元模型。这时，了解和掌握元建模技术就显得尤为重要。许多研究人员提出一些新的或改进的建模方法，通常采用元模型描述一个特定领域的建模语言。UML 的扩展机制就允许采用 UML 本身定义一种满足特定领域需求的 UML 建模语言——领域特定建模语言。

1.3.4　建模的基本原则

许多初学者对为何建模、从何入手、究竟应该描述到何种细致程度等问题难以把握。本节介绍一些建模的基本原则，以解决这些问题。

1．明确建模的目的，建立粒度恰当的模型

在软件工程中，建模可以辅助领域需求分析、软件设计、程序自动生成、系统仿真与验证等，目的不同则建模的入手点和细致程度就不同。

如果建模是为了分析领域的需求，那么模型则主要反映领域概念、业务组织模式和流程及运行机理等，不要涉及软件设计的细节，更不要考虑技术实现手段。需

求模型应能够映射到现实生活中的人、物和事。为了使用户能够参与需求分析，模型的内容应尽可能采用用户熟悉的业务概念，模型的表现形式最好采用直观的图表。这也是为什么许多人认为建模就是画图的原因之一。虽然模型外表看起来是简单图表，但其内部元素却有严密的逻辑关系。这种模型又被称为计算独立模型。

如果建模是为了设计和优化软件结构，那么模型就必须反映软件设计的细节，包括软件的技术架构、服务或组件的相互关系、计算逻辑等。如果是架构设计则无须考虑实现细节（如采用何种编程语言来实现）。这时，通常采用软件工程师熟悉的技术术语来描述模型的内容，使模型成为技术人员讨论的一种公共平台。有时，可能涉及一些技术实现细节，但这并不意味着软件最终实现就局限于特定编程语言和执行环境。因此，设计阶段的模型又被称为平台独立模型。

如果建模是为了系统仿真和验证，那么模型就需要反映系统的执行语义。一般的需求模型或设计模型只反映静态概念（如网上订货中的客户、订单等）或动态概念（如订单状态等）。因此，为了能够对模型进行仿真和验证，需要增加一些可执行的动作语义（如可采用 fUML 为 UML 模型增加动作语义）。如果仿真建模语言与需求或设计建模语言不同（如前者是 Petri 网，后者是 UML），则还涉及不同模型之间的转换。这种转换可以是人工完成的，也可能采用某种工具实现自动转换。一般来说，仿真建模比需求建模或设计建模的描述粒度更细，因此代价也更高。

如果建模是为程序自动生成，那么模型就必须反映软件设计细节及执行语义细节。程序实现阶段的模型被称为平台相关模型或可执行模型。通常，这种模型不是一次就可建成的，而需要将高层的需求模型转换为设计模型，再转换为可执行模型。每一步转换都需要添加新的内容，考虑更多的模型要素。目前，没有一套工具可实现全自动的转换，大部分工具都需要人工介入。为此，OMG 提出了一套 MDA 方法论，可借助 UML/fUML 建模技术完成这种模型转换。

2. 对客观事物抽象，而不是面面俱到地描述

模型是对客观世界的抽象描述，不是面面俱到地具体描述。例如，在课程练习中，我们常以电梯系统为例让同学们进行概念建模。通常会有某些同学对电梯内的每个数字按钮进行建模，他们认为这样模型才能与现实观察到的现象一致，这就违反了建模的抽象原则。

“抽象”与“具体”的概念并不是一成不变的，有时是随不同的建模场景相互

转化的，因此建模者需要注意在不同模型中正确使用“泛化-继承”关系。例如，在分析商品品种模型中将商品分为服装、日用品、家用电器、电子商品等，服装又分为男装、女装、童装等。这些都属于概念类，相互之间是“泛化-继承”关系。而某品牌西裤是男装中的某个品种或品牌，与男装的关系是“概念-实例”关系（注：概念是一组实例的有穷或无穷集合）。但在分析商品库存的模型中，某品牌西裤却是一个商品类，销售和仓储管理为每一件该品牌西裤单独贴标签（条码）和销售，因此某件此品牌西裤才是实例，此品牌西裤与男装之间就变成了继承关系。

UML 的初学者还对类（Class）、类的原型（Stereotype）以及类的实例（Instance）这三者之间的抽象关系把握不清。UML 为了弥补通用建模方法的不足，提供了一种扩展机制，就是允许用原型对类进行扩展，重新定义类的含义。这时，类作为一种抽象概念，而原型作为其实例。例如，将“商品”定义为一个特殊的类。但是在领域建模时，商品与类属于同一级别的抽象概念（商品继承类），它作为类的一个原型，可用于描述电子商务领域中的某个具体概念，如西裤等。这时，西裤就是商品的一个实例。

3. 封装事物的共性特征，保持对象的高内聚和松耦合

在面向对象建模中，初学者常为应该设计哪些对象，将哪些属性和操作分配给哪些对象而烦恼。我们不妨通过设问来解决如何设计对象的问题。

（1）如果是针对领域建模，就可以问这个对象反映了现实中哪类具有共同特征的事物。例如，某种商品反映了一类具有相同用途、相同品牌、相同价格的产品，因此将用途、品牌、价格等作为属性添加到商品对象中。

（2）如果是针对软件建模，就可以问设计这个对象是为在程序中表达哪些数据，可执行哪些操作，这个对象是否具有独立的领域含义，而且从领域概念上看是否很容易理解对象中这些数据和操作。例如，在电子商务应用中设计了一个 Order 对象，它拥有 Order Time（订货时间）、Order Amount（订货金额）、Processing Status（处理状态）等属性，同时拥有 pay（标记该订单的支付状态）、dispatch（标记该订单已转入物流配送的状态）、finish（标记该订单的完成状态）、cancel（标记该订单的取消状态）等操作。从领域角度（见图 1-3）人们就非常容易理解 Order 对象的领域含义，因为属性和操作设计得十分合理，程序员无论是实现还是修改程序都比较容易。但是，如果将 Delivery Address（送货地址）、Product Quantity（订货数量）

等加进来，则领域含义就变得模糊了。程序员就会想一个订单可否包括多个订货商品、每个商品是否单独送货、是否存在不同送货地址等。其实在领域分析中已经解决了这些问题，所以送货地址和订货数量等属性应该被封装在另一对象 Order Item（订单明细）中。

软件设计原则强调模块的高内聚和松耦合，这点也应体现在建模过程中。具体说，就是如何一个操作分配给了一个对象，而该操作是针对某个数据的，那么在不影响领域含义情况下应尽可能将这个数据封装为该对象的属性；同理，如果一个对象已封装了某个数据属性，那么针对该数据的操作也应封装到该对象。这种对象封装方式可以减少对象之间的交互或联系，降低对象间的耦合，提高对象的内聚性。例如，上例中 pay、dispatch、finish 和 cancel 等操作都是针对 Processing Status 属性的，因此它们被封装到 order 对象中。但是，也不能一味强调数据与操作的紧密结合，而破坏了对象本身的领域含义，这将会给软件后期维护带来困难。例如，为了允许客户修改订单，则为 order 对象设计了 modify（修改）操作，以便修改 Order Amount 属性值。modify 操作中需要访问 Order Item 对象，统计所有订单明细的订货金额。但这并不意味着需要在 order 对象中设计相应的属性，保存订单明细中的订货金额。相反，如果这样做了则会引起属性冗余，很容易造成数据不一致问题。

另外，为了提高软件的可复用性，可针对多类含有相同属性的情况设计一个抽象类，封装这些公共属性，并设计针对这些公共属性的操作。例如，在零售业客户关系管理中经常将客户分为普通客户和 VIP 客户。在销售管理中针对 VIP 客户的服务方式有明显区别（如增加了优惠商品计划、积分换商品规则、生日提醒等），因此在程序设计中需要为 VIP 客户设计更多的属性或操作，但客户类的大部分属性和操作都是一样的。为此，可以设计一个抽象的客户类，普通客户和 VIP 客户作为子类继承客户类。这样，关于客户的公共属性和操作可以放到客户类中，而针对 VIP 客户或普通客户的特殊属性和操作可以封装到这两个类中。这样做的好处是，针对 VIP 客户类的修改不会影响其他客户类，而对客户类所需要的修改，只在一处进行即可，而不必对每个客户类进行逐一修改。

1.4 本章小结

本章是学习面向对象建模方法的一个导引，通过回顾软件技术发展历史，了解软件技术发展现状；通过对比人类自然语言和计算机编程语言的特点，认识软件技术发展瓶颈，即软件需求与软件实现之间存在一种“语言鸿沟”，由此彰显软件建模的需求及建模语言发展的必要性，使读者懂得为何要学习一种建模语言。通过分析软件危机，介绍最新的软件工程方法，包括需求工程和模型驱动工程等方法论，使读者明白软件工程新技术与建模技术密切相关，如果不掌握一种建模技术则将来难以跟上软件技术发展潮流。通过概要介绍知识、模型和元模型的概念及建模的基本原则，使读者了解软件建模的机理，以在接下来的学习中得心应手。

1.5 习题

1．人类语言与计算机编程语言的区别。

2．如何解决需求鸿沟。

3．软件开发中为什么要建模。

第 2 章 面向对象的基本概念

本章介绍面向对象思想和相关的基本概念，使读者初步了解为什么要面向对象，什么是对象，什么是对象概念模型，面向对象分析方法有哪些共性特点，这些特点在系统分析和设计中起什么作用，以及面向对象方法与传统的分析和设计方法有何区别等。

2.1 对象的概念

对象是本书的一个核心概念。正确理解对象的概念，是学习和掌握面向对象建模、面向对象分析与设计思想的基础。

2.1.1 面向对象的思想

面向对象软件开发方法与传统的开发方法在程序概念上有较大的区别。尽管目前面向对象方法已经被工业界普遍采纳，几乎所有的程序开发工具都采用面向对象程序设计技术，但是有些程序员对程序的理解仍然基于传统的结构化方法理念，他们被动使用面向对象程序设计的工具。例如，有些程序员将几乎所有的代码都放到一两个类（尤其是表单类）中，因为他们不知道该分成几个类，以及如何去设计非界面和事件驱动的控制与事务处理类。这种编程方式在程序开发初期比较方便，但随着开发与使用的延续，维护工作增加，程序开发工作量成倍增加，代码则变得越来越难以维护。尤其是在技术提升时，如将 C/S 结构的程序提升为 B/S 或 C/S/S 结构，程序的改动几乎是重新开发。造成这种局面的根本原因在于，程序员没有真正懂得什么是面向对象。面向对象的理念不是简单应用于对象编程，而应该贯穿需求、设计和编程整个软件生命周期。

面向对象的思想认为，在信息系统的需求中人和物是相对稳定的，其是事物的本质，而需求中的功能和行为是以人和物为主体的特征；人和物是相对稳定的，而功能与行为是易变的。因此，反映需求分析与软件框架设计的模型应该围绕需求中的人和物，而不是变化多端的功能，后者是需求实现的细节设计应该考虑的问题。建模是一种抽象思维，模型中的成分是实物的真实写照。这种实物映射方式将会给程序设计带来许多好处，同时也是传统的功能映射所缺乏的。

2.1.2 什么是对象

对象（Object）这个词本身在汉语中意义就非常广泛，概念难以把握；而将它与程序设计联系在一起，乍听起来就更为深奥了。面向对象是从英文 Object-Oriented 翻译过来的，其中 Object 被翻译成对象。Object 在英文中的含义是物体或物件。因此，在台湾地区的中文计算机专业书籍中将它翻译成物件导向也不无道理。汉语中对象的概念不仅仅可以指实物，也可以是一个抽象的概念。而程序设计所面临的也不单纯是实物，更多的是虚拟物体，如电子表格、文件、窗口等。因此，对象这种叫法更为确切，但在一定程度上也带来了一些模糊因素。面向对象的本质就是，程序设计应该从实际看到、听到、触摸到的人、事物或物体出发，将程序在概念上与这些实际事物建立对应的联系。而面向对象的分析和设计就是建立它们之间映射的关系模型，并将模型转化成为计算机程序。

现实生活中，对象无处不在，它组成了整个世界。一般情况下，对象可以从以下两个角度进行理解：一个角度是现实世界，另一个角度是计算机系统。从客观世界中确定边界、可触摸、可感知的事物，到某种可思考、可认识的概念（如磁场、打印队列等）均可认为是对象。例如，在客观世界中，学生、工人、汽车、坦克等都是对象的例子，构成了客观世界中的某些概念。每个对象都有其自身的固有属性，比如学生有学号、性别、年龄、年级、专业、成绩等。对于所要建立的特定系统模型来说，现实世界中的有些对象是有待于抽象的事物。

计算机系统中，特别是面向对象的系统模型中，对象是构成系统的一个基本单位。它是指问题域中同类事物的抽象概念，反映该事物在系统中需要保存的信息和发挥的作用。具体说，它是由数据（属性）及其上的操作（也称方法、行为或服务）组成的实体。对象的属性是用来描述对象的静态特征的一个数据项，其类型可以是某个编程语言所给定的，也可以是由系统分析员自定义的。对象的行为是定义在对象属性上的一组操作方法的集合。计算机系统中的一个对象，在软件生命周期的各个阶段可能有不同的表现形式。在分析阶段对象主要是从问题域中抽象出来的，反映概念的实体对象；在设计阶段对象则要结合实现环境增加用户界面对象、数据存储对象等；在实现阶段则要用一种程序设计语言写出详细而确切的程序源代码。虽然系统中的对象经过若干演化阶段，其表现重点和形式各异，但在概念上是一致的——都是问题域中某一事物的抽象表示。

对象与实体的概念对于初学者来说是经常容易混淆的一组定义。我们可以从对象模型和实体关系模型的角度加以对比，对象模型与实体关系模型在建模的机理上有一定的相似之处。如果将对象视为单纯的数据，则当人们比较对象模型和实体关系模型时会发现两者惊人的相似。但是，我们必须意识到它们之间存在差异。实体关系模型只能描述实体的属性及实体之间的关系；而对象模型中的对象除了属性还有行为，并且对象之间的关系更为复杂（除了对应关系，还有继承、聚合等关系）。

此外，“对象”一词在许多场合用法含糊。有时对象可以表示单一物体，有时它指的是一组相似的物体，通常根据上下文可以确定它的意思。当描述比较精确或明确指某件物体时，它指的是实例，因此确切的用词是“实例对象”；而对一组相似物体进行抽象描述时它指的是类，因此确切的用词是“对象类”。

2.1.3　什么是类

类（Class）是指具有相同属性和操作的对象的集合。它可作为具有类似特性与共同行为的对象模板，用来产生对象。类的作用主要是描述对象具备了哪些特征及这些特征的含义。既然类是一个定义，则它是一个抽象的概念，而不是一个实体。例如，汽车、人类、水果、图书馆会员等都是一些抽象的概念，它们是一些具有共同特征的事物的集合。图 2-1 是采用 UML 描述的图书馆会员概念的类图，类名是“Member”，它具有“name”“birthday”“sex”“member_id”“type” 5 种属性，以及“borrow”“return”“quit”等操作。

从软件分析与设计角度看，类用于描述软件对象的静态结构。一个类就代表了被建模系统中的一个概念。根据模型种类的不同，此概念可能来源于现实世界（对于领域模型），也可能来源于计算机世界（对于设计模型）。从软件实现角度看，类就是程序的基本组件。它封装了一组操作（方法或函数）及与之相关的数据。软件开发就是将现实世界的概念映射为计算机世界的概念，最终完成对象操作和数据的定义。

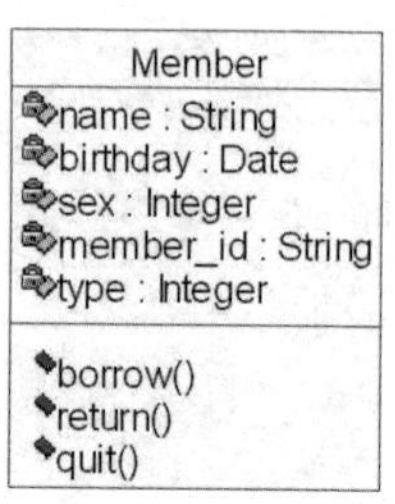

图 2-1　图书馆会员 UML 类图

2.1.4　什么是实例

实例（Instance）是将一个类的定义赋予具体的内容，并在一个应用中可以被使用的实体。实例模型具备的特征数量和含义与相应的类对象完全相同，所不同的是类仅仅为对象给出了属性特征的定义，而实例对象却指出了属性特征的值。实例的当前状态由在实例上执行的操作来定义，每个实例有唯一的标识。例如，张三就是图书馆会员的一个实例，其对象名为“a_student”，其取值情况如图 2-2 模型所示。“a_student”实例的取值可以千变万化，但不会超出“Member”类的定义。图中没有给出对象服务特征，因为对于实例对象人们并不关心其服务方法的描述，它们已经在对象类中描述得很清楚了，而对于同一个类，实例之间的区别主要在于其属性的取值不同。

从程序设计角度看，对象的类模型反映了程序的静态框架，而实例模型反映了程序在运行时的状态。类用于描述对象的静态模型，而实例用于描述对象的动态模型。由于对象在运行时的状态是千变万化、无法穷举的，因此即使在研究动态模型的时候人们也很少关心对象的具体状态，而关心的是对象互操作的流程或过程。所以，在研究动态模型的时候，常常将图 2-2 缩减成图 2-3。这点与编程的概念是一致的。程序员虽然在编程的时候要考虑程序运行的各种情况，但没有必要考虑一个整数变量取值 50 或者 60 的具体情况。他必须站在一定的抽象层次上来考虑代码设计问题，否则无法解决较为复杂的问题。

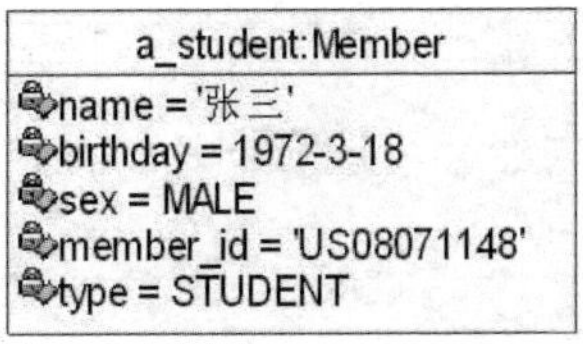

a_student:Member
name = '张三'
birthday = 1972-3-18
sex = MALE
member_id = 'US08071148'
type = STUDENT

图 2-2　图书馆会员实例对象模型

a_student:Member

图 2-3　缩减图书馆会员实例对象模型

2.1.5　计算机程序与对象

计算机程序是为实现特定目标或解决特定问题而产生的一组计算机动作指令，通常用某种程序设计语言编写，运行于某个计算环境上。从狭义的角度讲，计算机程序是算法、数据结构、程序设计方法、语言工具和计算环境的集合。打个比方，一个程序就像一个用汉语（程序设计语言）写下的制作某种菜的菜谱（程序），用于指导懂汉语的人（计算环境）来制作这道菜。

在面向对象的程序设计中，程序的基本组成单元是类。人们通过类来自定义程序结构和数据结构，描述对象的相关属性；通过类的方法（函数、过程）来描述对象的相关行为和操作。因此，类封装了数据结构和算法。类在运行时被实例化成实例对象，并通过面向对象编程语言的运行时动态绑定机制实现对象互操作和多态性。

在程序组成中，比类粒度更粗的是组件和服务。它们是在类的基础上对程序功能进一步封装，并通过提供统一接口实现跨语言和跨平台的程序调用。从建模角度看，组件和服务都可以视为粗粒度的对象，可以分别用 UML 类图和时序图描述其静态结构和动态执行过程。基于组件或服务的程序设计，可使用不同编程语言的程序员更好地沟通工作，不仅提高了效率，而且降低了软件集成的难度，同时提高了软件的复用能力。

2.2　对象模型的概念

对象模型对于初学者来说是一个边界比较模糊的概念。当用于描述现实世界时，它属于领域模型；当描述计算机世界时，它就是软件模型。面向对象建模通常先建立领域的对象模型，理解应用需求，然后再建立软件的对象模型，设计应用程序。这两种模型的目的、用途和抽象层次有很大差异，但它们之间存在必然联系。

2.2.1 现实世界的对象模型

现实世界中，各种各样的事物千差万别，对于如何对林林总总的事物进行理解、分析和描述这一问题，一个行之有效的方法就是建立反映现实世界的对象模型。所谓模型，是为了理解事物而对事物做出的一种抽象，是对事物规范的、无歧义描述和分析的一种工具。这时，对象模型被称为领域模型，其作用相当于建筑设计中的园区效果图，用于理解和分析领域需求，对软件及其运行环境进行系统集成架构设计。

建立对象模型的一个重要步骤就是要能够从现实世界中抽象出对象，描述对象之间的相互关系，为深入分析对象之间的交互行为奠定基础。从广义上讲，面向对象中的对象就是我们现实生活中可以感触或意识到的人或物的真实写照，是这些实际人和物的概念抽象。比如，在文档打印管理程序中，打印机和文件就是其中的对象。它们是我们生活中可以直接感触到的东西。当然，这里指的人或物，也可以是一种概念实体，我们并不能直接感触到这些实体，但可以意识到其存在。比如，设计师可以为打印管理程序设计一个打印队列，这个打印队列在现实生活中并不存在，但是在程序员的思维中可以意识到这个实体的存在，而且起到一定的作用。

2.2.2 计算机世界的对象模型

对象模型不仅能描述人类生活的方方面面，同样可用于软件的设计和实现。这时，对象就不是现实世界的人或物，而代表的是计算机程序中的概念实体。比如，可视化程序设计的窗口、表单、按钮、菜单等，它们都是应用程序对象。计算机世界的对象模型称为软件模型，其作用相当于建筑施工图，通过建立应用程序的对象设计模型并论证后再开始编码工作，可以避免因设计缺陷造成的返工。

在计算机世界中，对象模型是用编码实现的，不同的编码代表不同的对象模型。对于使用面向对象的编程语言所写出的程序代码，我们可以很直观地通过类、函数（或者叫方法、过程）等来分析计算机对象的属性和行为操作，通过类中包含的其他类的成员变量来连接各对象之间的关系和进行交互。

一个设计良好的软件模型应与领域模型对应起来，即保持软件模型对象与领域模型对象的映射关系。这种概念映射关系可以帮助程序员正确理解和把握领域需求，开发符合需求的应用，并且在软件演化（即因需求变化对软件进行重新设计和编码）过程中起到至关重要的作用。

2.2.3　对象模型的可视化表示

常用的对象模型可视化建模和标注方法有 Booch、对象建模技术（OMT）和 UML。UML 是在前面两者的基础上发展起来的，现已成了业界的标准。

UML 建模方法是一种基于图形标记的半形式化描述方法。虽然形式化的方法是精确的数学描述方法，对于系统的建模描述相当精准，但由于受到形式化背景知识限制，客户（即项目买方和系统用户的统称）往往很难掌握这种精确的建模方法。引入可视化建模技术对工程项目管理有以下帮助。

（1）图形化的表达方式直观、易学，使客户很快能够掌握和理解工程人员的设计思路，以便参与项目研讨。

（2）利用可视化建模技术可以展现系统开发不同阶段的工作成果，方便各方参与讨论和研究。例如，在需求分析阶段可以将用户和系统之间的交互进行建模，让客户确认系统的操作方式；在设计阶段可以将系统对象间的交互进行建模，甚至可以将系统之间的交互进行建模，让分系统的设计师共同研究系统架构设计的合理性和可行性等。

（3）图形化建模元素不仅仅是一些简单的图形符号，它们具有较为严格的语法和语义，这样可避免各方理解上的不一致，使得很多问题在需求和设计阶段就能够被提出和改进。

（4）可视化面向对象建模包含了面向对象程序设计中对象的基本语义，因此程序员可以利用计算机辅助软件工程工具方便地在对象模型和应用程序代码之间相互转换，保持应用程序代码与软件结构设计一致。

然而，我们在学习 UML 建模方法时需要注意，UML 表示法的设计初衷在于精确表达软件模型，因此其基本组件来源于软件的基本概念（如类、实例、属性、操作等），而不是我们日常生活中熟悉的概念（如人、物、表格、数据等）。它在用于领域建模时存在很大的随意性，很容易造成语义理解差异。因此，建模者需要区分不同的应用场景和建模意图，正确建立不同的对象模型，即在需求分析阶段建立领域模型，在软件设计阶段建立软件模型。尽管两者之间存在一定的映射关系，但我们必须清楚地认识到它们分别位于不同的抽象层次，领域模型相对软件模型更为抽象。

2.3 面向对象分析设计的共性问题

无论是采用面向对象建模方法进行应用系统分析和设计，还是采用面向对象程序设计语言进行编程，都将面临一些共性问题，涉及为什么要面向对象，如何分析和设计对象之间的关系。只有真正理解和正确处理这些共性问题，才算掌握了面向对象方法的精髓。

2.3.1 对象的封装

现实生活中，人们在解决复杂的问题或分析复杂的概念时，往往会先将问题划分成若干块相对独立又容易解决的子问题，并通过对各子问题的解决和整合来达到解决复杂问题的目的。通过划分，每个子问题之间的关联度和耦合性相对较低，而子问题内部又具有高度的内聚性，需要一个独立的实体予以完成，形成相对独立的逻辑。同时，每个子问题的解决细节又不需要为其他实体所知晓，这就需要一种所谓的“封装”（Encapsulation）机制来实现。

传统的封装与信息隐蔽在软件工程上，指的是同一个概念，都是指一种程序设计的原则，称为帕纳斯（Parnas）方法。该方法最初用于指导模块化分析与设计，其核心思想是要求每个模块的实现细节对于其他模块来说是隐蔽的，即其他程序（模块）只能看到被访问模块的接口，而不关心（也不必了解）其内部的数据与逻辑。

面向对象的封装不仅强调信息隐蔽，更强调数据与处理的完整性。对象本身就是数据（描述事物的属性）和作用于数据的操作（体现事物的行为）的完整统一，即数据和与之相对应的操作应该被完整地封装起来，成为对象。这样，对象就成为一个完整的信息实体。通过封装，使得其他对象只能够看到对象的外部特性（对象能接收哪些消息，具有哪些处理能力），而对象的内部特性（保存内部状态的私有数据和实现加工能力的算法）对其他对象是隐藏的。封装的目的在于把对象的设计者和对象的使用者分开，使用者不需要知道对象实现的细节，只需要通过设计者提供的消息接口来访问该对象。

在面向对象的分析与设计中，封装是一个重要原则。从软件工程角度看，封装机制使得一个大型软件可以实现复杂问题分解和组件化、模块化等，允许多人（分组）同步开发，从而在有限时间内完成工程项目。从程序设计与实现角度看，通过封装及信息隐蔽避免了应用程序或模块的外部错误对其进行“交叉感染”，对象和组件的内部修改对外部的影响很小，减少了修改引起的“波动”。通过封装机制，程序设计很容易实现数据的隐蔽、功能的模块化和软件的复用。

2.3.2　对象的抽象层次

人们在解决复杂问题时，需要先忽略其细节和非本质的方面，而集中注意力去分析问题的本质和主要方面，搞清所要解决的问题的本质，这就需要对对象进行分层抽象。分层抽象使得人们在解决问题的时候能够抓住主要矛盾，分清矛盾的主次方面，提炼出各对象中所含的共性和个性问题，从而更加容易地处理和解决所面临的形形色色的问题。

在领域分析中，对现实世界的人、物、系统、信息等进行抽象并形成概念，以便理解用户的需求。这些概念可以有一定的层次结构。例如，电子商务系统中的商品可以分为家电、服装、化妆品等，家电又可分为电视机、洗衣机、电冰箱等。不同类型商品的销售策略、供货渠道、售后服务方式等有很大区别。因此，在领域模型中可以建立商品－家电－电视机等抽象概念（类）的层次结构，以便对不同对象进行个性化处理。在复杂系统的顶层设计（体系结构设计）中只需要关注抽象级别较高的概念，而在分系统（子系统）设计中就需要关注抽象级别较低的概念。例如，在电子商务顶层设计中可以建立包含商品、客户、订单、配送单、库存、供应商等抽象概念的领域模型；在家电销售分系统设计中则需要建立商品－家电的完整层次结构。

在程序设计中，随着抽象类逐步增加，软件复用水平不断提升，实现从几条常用指令抽象成一个函数，几个特定操作的函数抽象成类，到几个经常合作的类（对象）抽象成一种模式等。抽象可用于以下几种软件设计场景。

（1）软件复用——当某些对象都需要调用某些共用方法时，则可以将这些方法封装为一个抽象对象，让需要调用这些方法的对象继承抽象对象，这样共用方法就可以通过继承机制被子对象所复用。从软件架构上看，复用性越高的方法放在抽象层次越高的对象中。这恰好与传统的结构化程序设计相反。这样设计的好处是，当软件需要修改时工作量较小，而且软件的可靠性也较高。

（2）抽象接口——当某个应用需要调用一个外部设备/软件功能或向其他应用提供相关功能时，可将调用的方法封装为一个抽象接口对象，通过重载具体接口对象的方法增强软件设计的独立性。例如，电子商务系统中的支付应用需要调用银行接口，但可能连接的是多家银行接口，各家接口程序不同，这时可以设计一个抽象的银行接口对象，使支付程序不依赖银行接口变化。

（3）易变程序——在软件设计时经常会遇到这样一个问题，即某段程序经常因环境不同而发生变化，需要经常维护。此时，可以采用这样的设计策略，即将这些易变的程序封装为一个抽象对象，让适用于某个环境的程序作为其子对象继承这个抽象对象，当环境发生变化时新开发一个程序也作为其子对象继承这个抽象对象。这样，软件整体结构就不会受环境变化的影响，维护起来十分方便。

2.3.3 对象的多态性

对象的多态性是指在抽象类（一般类）和它的多个子类中具有同名的属性或操作，在实际运行中使用子类的定义覆盖父类的定义。这样，从程序设计角度看同一个对象可以具有不同的数据类型或表现出不同的行为，对象可以按不同的行为响应同一个消息。多态既是一种面向对象程序的设计技巧，也是一个面向对象的特殊机制。它通常用于这样一种应用：在程序设计时不能确定，而只有当程序运行时才知道何时使用哪个对象，访问其操作和属性。

在面向对象程序设计中存在两种多态形式：变量多态和方法多态。变量多态是指同一个变量在运行时刻标识（表示）不同类型的对象，而方法多态主要是指同一个方法做不一样的动作。例如，不同类的对象接收相同的消息（方法调用），但有不一样的响应动作。方法多态使得消息发送者能给一组具有公共接口的对象发送相同的消息，接收者可以做出相应的动作。

多态通常与语言的动态绑定（Dynamic Binding）机制有关。比如，在 Object Pascal 和 C++中都是通过虚函数（Virtual Function）实现的。虚函数就是允许被其子类重新定义的成员函数。而子类重新定义父类虚函数的做法，称为“覆盖”（Override），或者称为“重写”。

举个例子，“打印（）”消息被发送给图形文件和图像文件时调用的打印方法与将同样的消息发送给文本文件时调用的打印方法完全不同。图 2-4 是这种多态设计的模型。多态性表明，消息由消息的接收者进行解释，不由消息的发送者进行解释，消息的发送者只需要知道消息接收者具有某种行为即可。

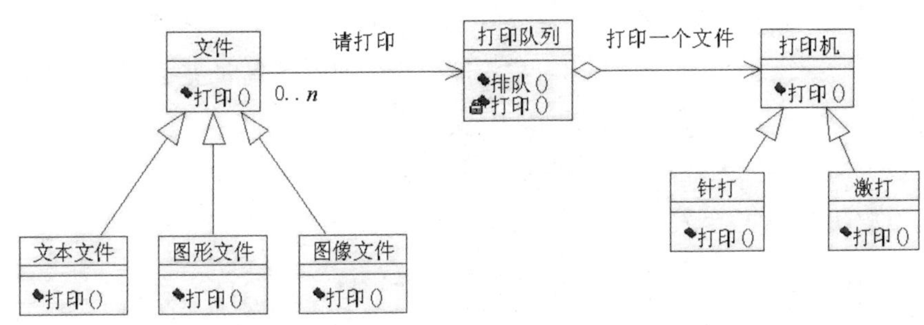

图 2-4　打印控制程序的面向对象设计

多态性是保证系统具有良好适应性的一个重要手段。在设计时，人们需要制定什么应该发生的规则，而不是它应该怎样发生，以便获得一个易修改、易变更的系统。当需要扩充系统功能或在系统中增加新的实体类时，只要派生出新的实体类相应的新的子类，并在新派生出的子类中定义符合该类需要的虚函数即可，而无须修改原有的程序代码。

2.3.4　对象之间的信息交互

在现实世界中，对象是不可能孤立存在的，它必然生活在一个环境中，必然与其他对象存在关联。哲学上讲，事物是普遍联系的。从这个角度说，对象之间必然存在交互，在大部分情况下，对象是通过相互协作、交互信息来完成一定系统功能（服务）的。

下面就买衣服的例子详细看看对象之间是如何进行信息交互的。交互情景如下。

首先，顾客指着一件样品衣服对售货员说：“（我）想买这件衣服。”售货员则会从货架上取下与样品相同款式的衣服，并交给顾客让顾客试穿，看是否合身。如果顾客觉得满意，则决定买下这件衣服。这时，顾客会对售货员说：“（我）决定买这件衣服了。”同时将衣服交给售货员。售货员会开出一个三联票据，并将票据给顾客，告诉顾客去收银台付款。同时，他（她）会将顾客试好的衣服包装好，等待顾客来取。顾客拿着三联票据到收银台付款时，收银台会将票据中的一联收下，在其余两联上盖章，并将这两联票据返还给顾客。最后，顾客凭着盖章的票据到售货员处取买下的衣服。

这个交互过程可以用 UML 的时序图来描述，具体见图 2-5。有关时序图的详细内容见本书后续章节。图中方框代表对象。每个方框下面有一条虚线，代表时间轴。虚线上有时覆盖一个长条，表示该对象程序执行的时间。有向实线代表对象之间的服务请求，每一个请求都是一个事件，从图中我们可以看出事件发生的时间顺序。此外，线上的标签视为消息，格式为<类方法名（参数表）>。在设计中就要将消息转换为对象服务，并指派给相应的对象。

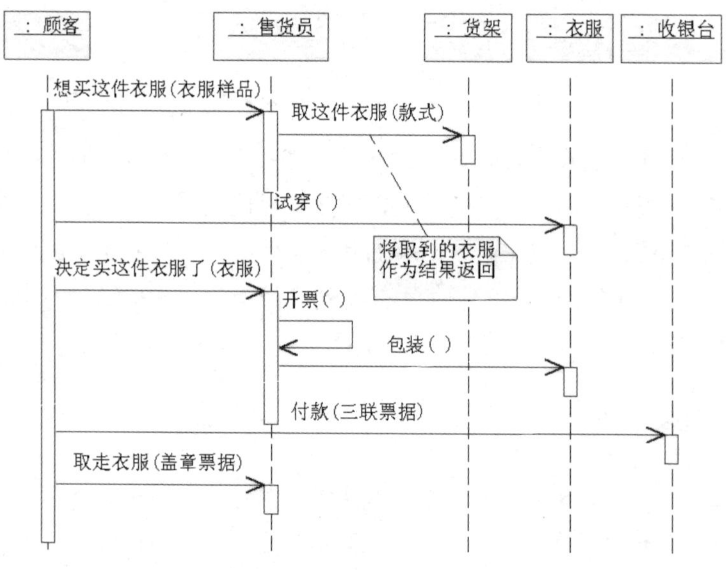

图 2-5　顾客买衣服的情景模型

2.3.5　软件复用

软件复用是软件工程师一直追求的目标，也是所有软件开发与管理方法强调的。几乎所有的面向对象概念都围绕一个目的——尽可能提高软件的可复用性。但软件复用在不同时期有着不同的方式和方法。

20 世纪 80 代年以前，人们注重的是代码级的复用，因为代码的复用可以明显提高编码效率，提高代码的质量。这时的复用主要是编写一些通用的函数或过程，形成一个可复用的函数库。大多数编程语言都提供了丰富的函数/过程库，在编译的时候可以连接进来，成为应用程序的一部分。而现在的软件复用技术已经不仅仅是对程序和代码的复用，它还包括对软件生产过程中任何活动所产生的制成品的复用，主要包括项目计划、可行性报告、需求定义、分析模型、设计模型、详细说明、源程序、测试用例等。

软件复用是指在软件开发过程中重复使用相同或相似软件制品（Artifacts）的过程。对于新的软件开发项目而言，软件制品或者是构成整个目标软件系统的部件，或者在软件开发过程中发挥某种作用的部分，通常人们将这些软件元素称为组件。

软件复用是为了在软件开发中避免重复劳动，其出发点是使应用系统的开发不再采用一切“从零开始”的模式，而是以已有的工作为基础，充分利用过去应用系统开发中积累的知识和经验，如需求分析结果、设计方案、源代码、测试计划及测试案例等，从而将开发的重点集中于应用的特有构成成分。通过软件复用，在应用系统开发中可以充分地利用已有的开发成果，消除包括分析、设计、编码、测试等在内的许多重复劳动，达到缩短开发周期、提高软件开发效率、降低软件开发和维护费用的目的。同时，通过复用高质量的已有开发成果，能够避免重新开发可能引入的错误，从而提高软件的质量。目前实现软件复用的关键技术包括软件组件技术、领域工程、软件架构、软件再工程、开放系统技术、软件过程等，其中组件技术是软件复用技术的核心技术。

面向对象的对象与类、封装、抽象与继承、多态等机制为软件复用的实现提供了必要的技术支持。对象本身就是可复用的基本组件，是从问题空间中抽象出的、具有共性特征的软件实体，这些共性特征被描述成属性和方法，能够在软件模块之间得到复用。封装机制保证了对象和类可作为独立性很强的模块，符合软件复用对于组件独立性和完整性的要求，即组件内部执行逻辑不依赖于外部环境。抽象机制既可描述事物的抽象层次，又可表示软件制品的复用层次。软件复用可通过继承机制实现，即具体类继承一般类，一般类的属性和服务可被多个具体类复用。多态机制使得应用程序可在运行期间通过选择向不同对象发送消息，从而执行不同功能，这样使得一个对象服务适用于多个运行场景，因此也进一步提高了软件的可复用性。

学习面向对象建模方法的一个重要目的就是把握好面向对象设计的共性问题，掌握对象封装、抽象与继承、多态等设计技巧，提高软件的可复用性。

2.4　其他方法比较

2.4.1　面向过程的方法

面向过程既是描述人类活动的一般逻辑思维方式，又是一种基本的计算逻辑描述方式。因此，面向过程似乎是一种最直接的逻辑思维方式。人类活动的先后次序构成了一个逻辑过程，可将这个过程描述为活动图，作为软件需求分析的组成部分。计算机程序的执行逻辑通常采用顺序、分支和循环三种模式描述，形成程序流程图，作为软件设计的组成部分。

面向过程的方法属于传统的结构化分析与设计方法范畴，典型的方法有 DFD、IDEF0 等。结构化分析与设计的基本思想是，自顶向下逐步求精，即围绕系统功能性需求将一个复杂活动逐步分解为许多简单活动，分析信息处理流程，对系统进行集成设计。

当软件规模不是很大时，面向过程的方法还会体现出一种优势，因为程序的流程很清楚，所以便于按功能模块设计系统。例如，学生早上起来上学的过程可以描述为起床—穿衣—洗脸刷牙—吃饭—去学校。以上 5 个步骤可构成一个完整的“早起上学”的活动流程。但在面向过程的思维中缺少对活动主体概念的描述，不能将主体与活动有机联系在一起。在现实生活中，主体相对稳定，而活动流程因业务规则改变而变化。在软件开发中经常因需求变化或需求不确定而导致项目难以收尾。

与面向过程的方法不同，面向对象的基本思维模式是：首先识别需求领域中的对象（即活动的主体），然后通过描述对象行为深化人们对主体的认识，将领域中的信息和关于信息的操作封装于对象中，将对象与活动有机联系起来，形成需求模型和设计模型。例如，学生被识别为一种对象，起床、穿衣、洗脸刷牙、吃饭、去学校等均识别为操作，它们均被封装于学生对象中，构成学生对象模型。与结构化分析设计相反，面向对象分析设计将着力点放在“是什么”和“做什么”的问题分析上，而非“怎么做”。采用这种方法的好处是，需求分析与软件设计衔接性好，软件结构灵活，便于大规模集成。

2.4.2　面向数据的方法

由于人类对计算机应用系统的需求多数来源于信息管理需求，因此将人类管理活动中的信息表示成可被计算机存取和处理的数据，成为应用系统设计的关键问题。面向数据分析方法正是解决该问题的传统方法。该方法最先由 P.P.Chen 于 1976 年提出，称为实体关系图，后被改良为 IDEF1X 方法，成为工业标准。数据库应用系统的蓬勃发展推动了该方法的广泛应用。

面向数据的方法是将现实世界的非结构化信息表达成计算机可以接受的结构化信息的方法。其基本思想是：第一，将现实世界的人与事物抽象为实体；第二，将人或事物的有关信息抽象为实体的属性，并封装于实体中；第三，将事物之间的联系抽象为实体之间的关系。由此，形成描述现实世界的概念实体-关系模型，即逻辑数据模型（或称概念模型）。这种逻辑数据模型反映了人类活动中的信息组织结构，即信息需求。经过设计转换，再将现实世界的概念实体-关系模型映射为描述数据库结构的数据实体-关系模型，即物理数据模型。这种物理数据模型反映了现实世界的信息在计算机中的数据组织结构。

面向数据的方法只关注信息结构，而不关注信息处理，不能用于分析人类活动流程或计算机处理过程，因此它需要与面向过程的方法结合使用才能完整分析软件需求，或进行软件设计。进入 21 世纪以后，这种方法逐渐被面向对象的方法所取代。因为，后者不仅可以分析数据需求，也可以分析功能需求，还可以进行软件设计。更重要的是，目前人类活动中的信息并不局限于结构化的数据，还包括复杂格式文档及音视频和图像文件，由此出现了可处理非结构化信息的对象数据库系统，而且大多数关系数据库系统也开始支持面向对象分析和设计。因此，面向对象分析方法将得到越来越广泛的应用。

2.4.3　面向控制的方法

软件需求中有相当一部分来源于自动化控制领域。面向控制的方法主要用于分析被控制对象和自动控制过程，设计自动控制系统，典型的方法有 Petri 网、有限状态机等。Petri 网是在 20 世纪 60 年代由卡尔 • A • 佩特里发明的，适用于描述异步的、并发的计算机系统模型。它既有严格的数据表达方式，也有直观的图形表达方式。有限状态机也是一种软件上常用的处理方法。它把复杂的控制逻辑分解成有限个稳定状态，在每个状态上判断事件，变连续处理为离散数字处理，符合计算机的工作特点。这两种方法为计算机科学研究提供了坚实的理论基础。

UML 中的状态图（State Chart Diagram）继承了有限状态机的基本思想，用状态和状态之间的迁移描述对象在事件驱动下的状态变化过程以及在不同状态下所执行的动作，由此刻画对象的行为模式。与有限状态机相比，状态图表达的信息更为全面，内容更为丰富。Petri 网在描述系统异步、并发等特征方面比状态图更为精确，但不能表达系统中包含的复杂信息结构，因此难以完整刻画软件行为。近年来，有些学者提出了对象 Petri 网模型，用对象的概念扩展 Petri 网中的令牌和库所等概念，弥补了传统 Petri 网表达能力不足的问题，但也大大增加了 Petri 网的复杂性，相关问题的解决方法仍在研究探索中。

总之，UML 状态图是描述和分析软件系统控制问题最流行的方法之一，它与类图、活动图和时序图等配合使用，可以较好地解决软件系统的分析和设计问题。

2.5　本章小结

本章介绍了对象和对象模型的基本概念，分析了面向对象设计的共性问题，并将该方法与其他相关方法进行了比较。本章学习的要点是掌握这些基本概念，建立面向对象的思维方式。

面向对象分析设计的解析思路是从分析现实世界和计算机世界的对象入手，全面考察对象包含的信息、对象涉及的行为及对象的状态变化等，而不是单纯从功能角度（传统方法学和结构化方法学）或信息角度（信息系统建模方法学）研究问题。因此，面向对象方法逐渐成了目前软件系统分析和设计的主流方法。

对于学习面向对象建模方法的系统分析员来说，最困难的是从以功能或信息分析为核心的解析思路中摆脱出来，转变到以对象为主的解析思路。但是，从“功能思维”或“数据思维”转向“对象思维”，并非一件容易的事。人们只有通过反复的学习和实践，并随着时间推移和经验积累，才能真正领悟面向对象的真谛，才能自觉地采用面向对象方法分析问题，进而采用面向对象的模型符号描述实际问题，用对象模型分析和优化软件的结构设计。

2.6　习题

1. 简述面向对象的分析和传统的结构化分析在思维方式上的区别。

2. 简述对象、类和实例三者之间的联系和区别，以及它们分别在什么场合下使用。

3. 下面是一个图书馆支持系统的介绍。

这是一个图书馆支持系统。图书管理员可以在该软件系统的支持下方便地与读者打交道。图书按性质分为两种——图书和杂志，它们的借阅政策（如借阅时间长短）是不同的。图书馆将图书和杂志借给借书者。所有借书者已经预先注册，所有的图书和杂志也已预先注册。图书馆负责新书的购买。每一本图书可以购进多本，当旧书超期或破旧不堪时，要从图书馆去掉。借阅人可以预订当前已借出的图书和杂志。这样，当他预订的图书或杂志归还或新购进时，就可以尽快地通知预订人。当预订了某书的借书者借阅了该书后，预订就自动取消或通过手工方式强行取消预订。在该软件系统的支持下还能够方便地建立、修改和删除标题、借书者、借阅信息和预订信息。

试通过以上文字描述，寻找系统的初始对象名词清单。

4. 以下是一栋楼里电梯系统的介绍。

除第 1 层外，各楼层需设置两个按钮↑（UP）和↓（DOWN）（第 1 层只设置↑）和一个显示电梯所在楼层的指示灯（INDICATION）。按钮↑和↓的功能描述为：当电梯处在静止态，即没有任何任务未完成时（设正停在第 A 层），当乘客按下第 B 层↑或↓按钮后，若 $B=A$，则打开电梯门，让用户进入电梯，当用户按下楼层按键后，相应转入上升态或下降态；若 $B\neq A$，则电梯向第 B 层运动，相应的转入上升态（$B>A$）或下降态（$B<A$），若到达第 B 层前，没有其他用户要求，则在电梯停在第 B 层后，按 $B=A$ 的情况处理，楼层指示灯显示当前电梯所在楼层。电梯有 3 个状态：上升态、下降态、停止态。当电梯处在上升状态时，只有完成沿途所有上升请求后才能转入

下降态，对下降态的处理与此相同；当没用户请求时，电梯处于最后一次请求处理完后的位置。电梯内需设置如下几个按钮：开门（OPEN）、关门（CLOSE）、楼层按钮（假设为 1 到 15）、超重指示灯、紧急报警按钮（EAERGENCY），另外需设置一个专业维修人员才能开启的控制锁（CONTROL LOCK）。

试通过以上文字描述，寻找系统的初始对象名词清单。

5. 在图书馆系统中将每一本书都贴一个有颜色的带子，表示借阅政策不同（如红带子表示只能借 2 周，而蓝带子可以借 8 周，白带子可以借半年），则开始设计的对象模型如下：

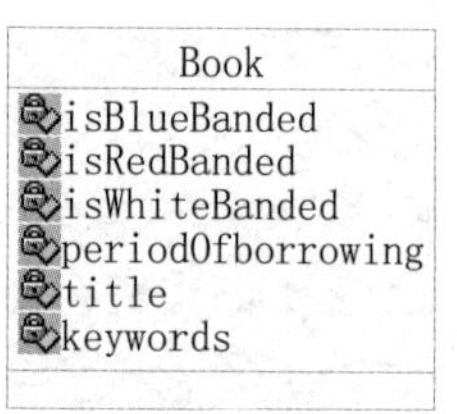

试对该模型进行优化处理，并阐述优化的理由。

6. 在第 3 题和第 4 题的对象名词清单基础上建立对象的抽象层次结构。

7. 根据生活经验画出学校、草场、校长、教室、书本、学生、教师、食堂、休息室、课桌、椅子、计算机的关系模型，并用文字解释模型表达的含义。

8. 下图是一个扑克牌游戏的计算机程序部分对象模型。玩家在打完牌以后可以看到一副完整的牌的分布情况，也可以在打牌的过程中看到手中的一副牌、（别人）打出的一副牌以及垫出的一副牌。每张牌有花色大小区分。根据需求，要对系统添加以下操作：显示、洗牌、发牌、计分器清零、分类排序、插入、删除、大牌得分、（上一轮牌赢家）出牌和垫牌。试为各对象安排职责，并用时序图描述某一轮牌中各对象交互的情景细节。

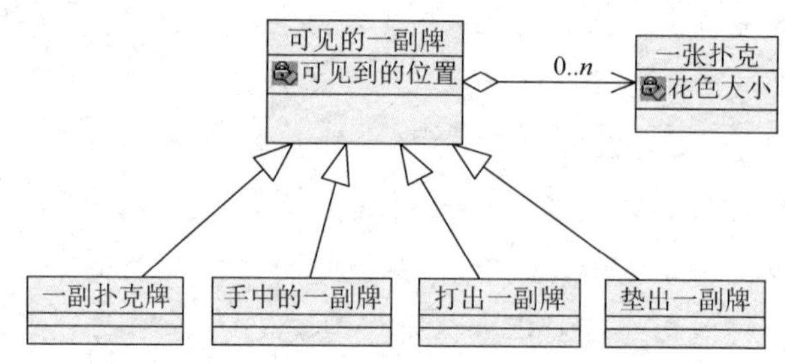

9．哲学家问题描述如下。

在一个圆桌边有 5 个哲学家和 5 把叉子，每个哲学家可以取到其左右两边的叉子。每把叉子可以由两个哲学家所共享，但不能同时使用，即每把叉子或者在桌上空闲，或者已经被一个哲学家使用。哲学家必须同时拿到其左右两旁的叉子才能吃饭。试设计该问题的对象模型。

10．下图是一个运动项目预赛打分系统不完整的对象模型。该系统用于简化运动比赛的时间安排和记分。系统中有若干比赛项目和一些参赛者。每个参赛者可以参加几个项目，每个比赛项目也允许多名参赛者。一个比赛项目有多名裁判负责对该项目所有参赛者进行评判打分。在某些情况下，一个裁判可以在几个项目中打分。比赛的焦点是预赛。预赛是决定参赛者在一个项目中能否取得好成绩的第 1 步。该模型反映了预赛记分处理的部分需求和设计信息，但它是一个不完全的模型，试通过增加重数、角色以及各对象的主要职责，并指定访问方向，使该模型成为一个较为完整的模型。

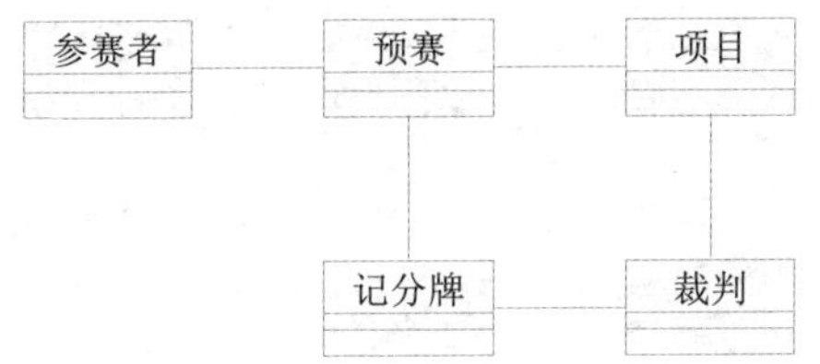

11．在第 10 题图中添加一个关联，使得在不修改预赛类的情况下能够直接判定参赛者打算参加什么项目。

12．将地址、年龄、日期、难度系数、姓名、名称、得分作为数性加到第 10 题图的模型中去。

13．讨论信息隐蔽给程序设计带来的好处。

14．小李经常与朋友一起到羽毛球馆打球。他和同伴先要向球馆的管理员出示会员卡，管理员检验两个人的会员卡以后，为他们定一个空闲场地，并限定时间为 2 小时。有时，小李忘记带球拍和球。那么，他就必须向管理员租球拍和买球。时间一到，管理员就会来催他们赶紧收拾东西离开。试用时序图模型描述以上情景。

第3章

统一建模语言

本章将介绍UML的发展历程、当前所处的状态、使用范围以及该方法的基本构成等，使读者对UML有一个初步的认识。本章重点介绍了UML的建模机制，引导读者从方法学上把握UML建模的基本思想。本章最后简要介绍了UML从1.0到2.0的变化，为读者正确理解和使用不同版本的UML模型和建模工具提供参考。

3.1 UML概览

UML 是一种面向对象的图形化建模语言，已成为软件界广泛承认的标准。它是运用统一的、标准化的标记和定义实现对软件密集型系统进行面向对象的描述和建模，对软件制品进行可视化和文档化的管理，也可用于业务建模及其他非软件系统的建模。

3.1.1 UML的起源与发展

1989年到1994年是面向对象的建模语言的“战国时期”，其数量从不到十种增加到了五十多种。其数量的增多虽然有利于学术的发展，但是对于建模用户来说，了解众多的建模语言是一件非常棘手的事。特别是这些建模语言的方法和概念相互重复又各具特色，用户不容易区分各方法之间的优缺点和相互间的差异，因而很难根据应用特点选择合适的建模语言，极大地妨碍了模型的使用和交流，也就加剧了所谓的“方法战”。在此背景下，一些特点突出的方法脱颖而出，具有代表性的方法有Booch、OMT和OOSE等方法。

Booch方法是格兰德·布驰（Grand Booch）在1987年发明的面向对象建模方法和语言，广泛应用于面向对象的软件设计和构造工作中，该方法在项目设计和构造阶段的表达力特别强，是当时业界很有影响力的对象结构建模语言。OMT 方法是詹姆斯·兰拔（James Rumbaugh）于 1991 年创建的，它不仅可以用于软件设计，而且具有很强的分析能力，尤其对以数据处理为主的信息系统的分析与设计最为有用，是当时欧美学院派的代表性方法。OOSE（Object-Oriented Software Engineering）方法是爱瓦·雅柯布森（Ivar Jacoboson）于 1994 年创建的对象分析方法，其特点是通过用例分析方法驱动需求获取、分析和高层设计。其是一种将需求分析与软件设计紧密联系的面向对象建模方法。最终，通过三位大师共同努力，在吸收了三种方法优势和精华的基础上，提出了 UML。

UML 的起源还与一个著名的软件公司——瑞理软件（Rational Software）（注：该公司于 2008 年并入 IBM 公司）密切相关。1994 年 10 月，Booch 和 Rumbaugh 加盟了瑞理软件公司，将他们各自的方法——Booch 93 和 OMT-2 统一起来，并于 1995 年 10 月提出了统一方法 UM 0.8（Unified Method 0.8）。同年，Jacoboson 也加入这项工作。三位大师构建了一套完整的面向对象建模方法体系，于 1996 年 6 月和 10 月分别发布了两个新的版本，即 UML 0.9 和 UML 0.91。UML 很快得到了工业界的认可，并且 IBM、Microsoft、HP、ORACLE、Rational 等国际计算机巨头支持成立了 UML 成员协会。1997 年 1 月 UML 1.0 版本被正式提交 OMG，作为标准化的软件建模语言。UML 在 1999 年、2001 年和 2005 年分别进行了完善，形成 1.3、1.4 和 1.5 版本。2005 年 7 月，UML 2.0 正式版被 OMG 采纳。UML 的部分发展历程，如图 3-1 所示。

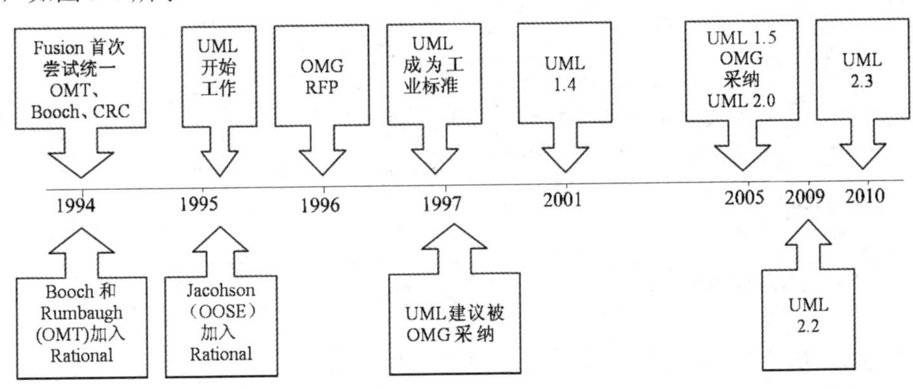

图 3-1　UML 的部分发展历程

随着 UML 被 OMG 采纳为标准，面向对象领域的方法大战也宣告结束，这些其他方法的提出者也开始转向 UML 方面的应用研究。UML 的出现为面向对象建模的历史翻开了新的一页。由于学术界、工业界的广泛支持，它不断融入软件工程的新思想、新方法和新技术，成为面向对象技术领域占主导地位的建模语言。

3.1.2 UML 的作用

UML 是一种对软件制品进行详述、构造和文档化的可视化建模语言，主要用于软件开发的分析和设计阶段，具有很宽的应用领域，其中最常用的是建立软件系统的模型。同时，UML 也不局限于支持软件系统的分析与设计，它同样也可用于描述非软件领域的系统，比如机械系统、企业机构或业务建模过程，以及处理复杂数据的信息系统、具有实时要求的工业系统或工业过程等。

UML 在用于软件分析和设计时，其表达能力、对新技术的包含能力和可扩展性等方面都具有显著的优势：

（1）为用户提供了统一的、表达能力强的可视化建模语言，以描述应用问题的需求模型、设计模型和实现模型；

（2）提供扩展核心概念的扩展机制，可为特定领域定制特定的概念、符号和约束；

（3）独立于程序设计语言，覆盖了面向对象分析和设计的相关概念与方法学；

（4）独立于任何开发过程，支持软件需求分析、程序设计、软件测试、软件演化中的模型重构等软件工程全过程；

（5）提供便于机器理解的形式化基础，可用元模型描述模型语义，用对象约束语言（OCL）定义语义规则，用自然语言解释具体含义；

（6）提供对象模型交换的标准格式，便于不同工具间的模型集成；

（7）支持较高抽象层次开发所需的各种概念，如协作、框架、模式和组件等，便于系统的重用。

3.1.3 UML 方法论

UML 通常从静态结构和动态行为两个方面描述一个系统。静态结构将系统描述为由多个相互作用的对象组成，并最终为外部用户提供一定功能的模型结构，定义了系统中重要对象的属性和操作以及这些对象之间的相互关系。动态行为则定义了这些对象为实现功能目标而开展的活动，以及在此过程中的状态变化和相互通信的机制。

UML 采用多视图方法（4+1 体系结构视图）全面描述一个软件系统。它把所有模型划分为 5 个视图，即用例视图、逻辑视图、交互视图、实现视图和部署视图，如图 3-2 所示。每个视图代表软件系统模型的某一方面的投影。每个视图又由一种或多种模型组成。每个模型都有各自的建模方法，其外在表现形式都是一幅图，因此又称模型图。模型图描述了构成相应视图的基本元素以及它们之间的相互关系。所有的视图有机结合在一起则反映了系统的整个画面。从这个意义上看，UML 其实是一套包含多个具体方法的方法论。

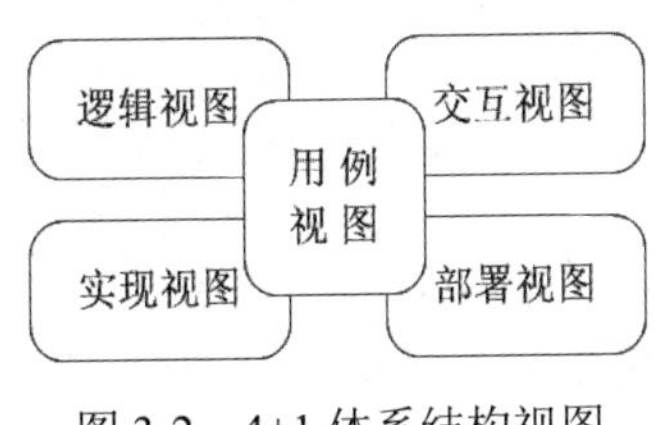

图 3-2 4+1 体系结构视图

1. 用例视图

用例视图主要描述了系统应该具有的功能，同时也定义了系统的边界。它是从系统参与者的角度描述系统外在行为和静态功能的组合。在 UML 中，该视图的静态方面主要由用例图模型表示，而动态方面由时序图、通信图、状态机图和活动图等模型刻画。

用例视图是联系和集成其他 4 个视图的核心，因为系统分析往往是围绕功能分析展开，通过功能将系统各个部分的特性组织起来的。因此，用例视图影响着其他的视图，其他视图的构造和发展也依赖于用例视图描述的内容。它的使用者包括最终用户、设计人员、系统开发人员和测试人员。

2. 逻辑视图

逻辑视图定义了系统的实现逻辑，反映了系统内部的设计和协作情况。它关注系统的内部结构，以及如何利用系统的静态结构和动态行为来刻画系统功能。静态结构描述类和接口以及它们之间的关系等；动态行为主要描述对象之间的动态协作关系，这种协作发生在为实现既定功能，各对象之间进行消息传递的时刻。逻辑视图的模型包括类图、对象图、复合结构图、状态机图和通信图，它的使用者包括系统设计人员和开发人员。

3. 交互视图

交互视图描述了多个对象为完成系统功能而发生的相互协作、通信和调用的行为过程。该视图主要用于深入分析系统的控制流以及并发和同步机制。该视图的模型包括交互概图、时序图和通信图，其主要用户是系统设计人员和开发人员。在开发该视图模型时，需要先建立逻辑视图的模型，包括类图和对象图，因为时序图中的对象来源于类图或对象图。此外，时序图模型的大部分内容在语义上与通信图模型等价，因此它可以直接转换成通信图模型。

4. 实现视图

实现视图描述了用于装配和发布软件系统所需的各种组件（Component），主要用于对软件开发过程中的系统发布进行配置管理，其主要用户是系统开发人员和系统集成人员。该视图仅有一种模型，即组件图。它描述了一个或多个类组合起来实现组件以及组件之间的依赖关系。这些组件集成起来，构成一个可执行的系统。例如，源代码通过编译构成可执行的系统，网页文件以特定的目录结构构成一个网站等。实现视图依赖于逻辑视图，因此在开发该视图模型时应先构建好类图、对象图和复合结构图等模型。

5. 部署视图

部署视图描述了装载软件的硬件系统的拓扑结构，让系统集成人员了解软件系统组件的物理部署，以便交付和安装。该视图仅有一种模型，即部署图。该视图的使用者是系统开发人员、集成人员和测试人员。

这 5 个视图是彼此相关和相互作用的，可以向不同的用户展现最为关心的系统特定方面。这 5 个视图综合起来则可反映软件系统的全貌。

3.2 UML 机理

3.2.1 UML 建模机制

为了全面理解 UML 建模的机理，人们需要了解组成 UML 的基本构成要素，即 UML 模型的构造块、约束这些构造块之间组合的规则以及作用于整个 UML 的公共机制，如图 3-3 所示。

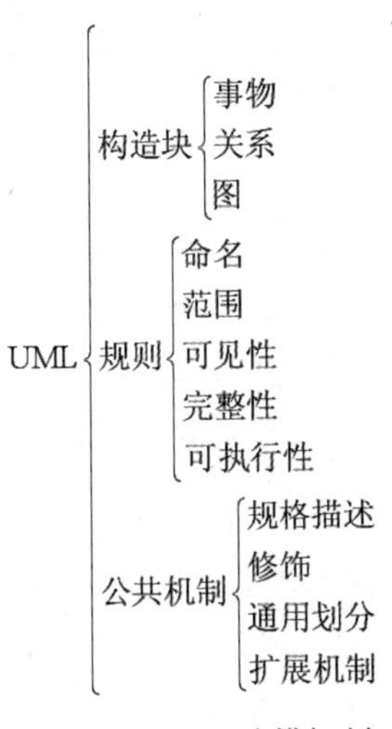

图 3-3　UML 建模机制

1．构造块

构造块是构成 UML 模型的主要建模元素。所谓的建模，就是用这些构造块对现实世界或软件世界进行抽象描述。UML 包含 3 类构造块，即事物、关系和图。其中，事物是对模型中最具代表性成分的抽象，是 UML 中很重要的组成部分；关系用于描述事物之间如何相互作用；图则是表达事物及其关系的可视化展现形式。

1）事物

UML 中有 4 种事物，分别介绍如下。

（1）结构事物（Structural Thing）：用于定义软件系统或业务系统中事物的抽象概念或逻辑结构。它通过 7 种方式，即类（或对象）、接口、主动类、用例、协作、组件和节点，描述事物的静态结构特征，是模型的主要组成部分。在模型中人们通常用名词短语为其取名。

（2）行为事物（Behavioral Thing）：用来描述业务系统或软件系统中事物之间的交互或事物的状态变化。它以交互图、状态机图等方式描述事物跨越时间和空间的行为，是模型的主要组成部分。在模型中通常用动词短语为其取名。

（3）分组事物（Grouping Thing）：用来描述模型的组织结构。对一个较为复杂的系统建模时，要使用到大量的模型元素，这时就有必要把这些元素进行分类组织。为此，UML 提供了模型包（Package）的组织机制，它类似于操作系统的文件夹。

（4）注释事物（Annotational Thing）：用来对模型元素进行注解，帮助阅读者理解模型表达的含义。通常，采用自然语言对模型中的关键元素进行解释。

2）关系

现实世界的事物总存在一定的相互联系，在软件世界中也是如此。在 UML 模型中，一般用依赖、关联、泛化和实现 4 种关系描述事物之间的联系。

（1）依赖（Dependency）：描述模型中的一个元素以某种方式依赖于另一个元素，该关系是单向的。一般理解为，若 X 依赖于 Y，那么修改 Y 的定义可能会对 X 产生影响。其具体语义取决于构造型（Stereotype）或文字解释。

（2）关联（Association）：描述对象概念之间存在的某种语义上的联系。该关系可以是单向的，也可以是双向或无向的。其具体语义取决于构造型或文字解释。包含关系是一种特殊的、语义明确的关联关系，它用于描述某个复合对象包含若干成分对象。

（3）泛化（Generalization）：描述对象概念之间存在的父子关系。父类是子类的泛化，子类则是父类的继承。因此，继承关系是泛化关系的反关系。

（4）实现（Realization）：描述一组操作的规约（Specification）和一组操作的具体实现之间的语义关系。通常，实际应用有 2 种实现关系：一种存在于接口和实现它们的类或组件之间；另一种存在于用例和实现它们的协作之间。

这 4 种关系是 UML 模型中可以包含的基本关系。从原理上说，关联、泛化和实现关系都属于依赖关系，只是它们有了更特别的语义。这些基本关系可以根据需要进行扩展，衍生出更多种具有特定语义的关系。这些扩展语义由构造型表达。表 3-1 给出了对依赖关系和关联关系进行语义扩展的示例。

表 3-1　UML 模型关系的种类

基本关系	扩展语义	表示法	基本关系	扩展语义	表示法
依赖	派生	<<derive>>	关联	包含	<<include>>
	表明	<<manifest>>		扩展	<<extend>>
	精化	<<refine>>		调用	<<call>>
	跟踪	<<trace>>		实例化	<<instantiate>>
	导入	<<import>>		发送	<<send>>

续表

基本关系	扩展语义	表示法	基本关系	扩展语义	表示法
依赖	合并	<<merge>>	关联	替代	<<substitute>>
	允许	<<permit>>		绑定	<<bind>>
	部署	<<deploy>>		访问	<<access>>
				信息流	<<flow>>

3）图

图是 UML 模型的外在表现形式，可以为每种构造块（包括基本构造块及其扩展）定义一个特殊图形符号，以便人们直观把握模型的整体脉络。UML 建模规范中只规定了一些基本构造块的图形符号，而允许用户在 UML 建模工具自定义不同构造型的图形符号。

UML 2.0 的图分为用例图、结构图、实现图和行为图 4 类，共定义了 13 种图，相比 UML 1.0 新增加了 3 种，分别是复合结构图、交互概览图和定时图。这 13 种图的作用如表 3-2 所示。

表 3-2　UML 2.0 中的正式图

图类型	图名	功能
用例图	用例图	描述用户如何与系统交互
结构图	类图	描述类、类的特性以及类之间的关系
	对象图	描述某时刻系统中各对象的快照
	复合结构图	描述结构化类运行时刻的内部结构
	包图	描述编译时的层次结构
实现图	组件图	描述组件的结构和连接
	部署图	描述在各个节点上的部署
行为图	活动图	描述过程行为的串行与并行
	状态机图	描述事件如何改变对象的生命周期
	顺序图	描述对象之间的交互，重点强调顺序
行为图	通信图	描述对象之间的交互，重点强调连接
	定时图	描述对象之间的交互，重点强调定时
	交互概览图	顺序图与活动图的混合

2．规则

UML 模型是构造块按照一定的规则有机结合组成的，这些规则包括命名、范围、可见性、完整性和可执行性等。UML 建模工具可根据这些规则对模型进行检查，确保模型的规范性和正确性。

命名规则是规定构造块命名方式的规则。在 UML 模型中，必须为每个构造块起一个含义贴切的名字。比如，定义事物通常用名词，而定义关系通常用动词。一般情况下名字不能重复。

范围规则是规定构造块作用范围的规则，其作用类似于程序中的变量作用域。比如，可以用注释对模型的局部（如事物、关系等）和整体（如图、视图等）进行说明。

可见性规则是规定构造块可访问的规则，其作用与面向对象编程语言中的可见性相同。在 UML 中共定义了 4 种可见性，如表 3-3 所示。

表 3-3　UML 的可见性规则

可见性	规则	标准表示法
public	能访问包容器的任一元素均能访问它	+
protected	仅包内元素及其子孙才能看到它	#
private	只有包容器内部元素才能看到它	–
package	只有声明在同一个包中的元素才能看到它	~

完整性规则是规定模型正确性检查的规则。其可通过 UML 形式化机制（见 3.2.3 节）定义模型的一致性和完整性语义检查规则，通过工具检查模型中是否存在内容缺失或相互矛盾等现象。

可执行性规则是规定模型可运行或模拟动态模型的特征和含义的规则。该部分内容超出本书学习范围。如需进一步学习可执行 UML 方法及相关规范（fUML1.1），或访问 OMG 官网获得相关资料。

3. 公共机制

公共机制是定义在构造块上的辅助建模元素，它使建模过程易于掌握，模型易于被人理解和扩充。UML 定义了 4 种公共机制：规约、修饰、通用划分和扩展机制。以下介绍前 3 个机制，扩展机制将在 3.2.2 节单独介绍。

1）规约

UML 图形表示法的每部分后面都有一个详细描述，即规约，用于对构造块所表达的内容进行文字说明。不同建模工具有不同的表现形式。例如，利用 PowerDesigner 设计用例图时，在用例图的背后有一个专门的文档页对用例进行详细说明。

UML 用图形符号对模型进行可视化表示，而规约可对模型细节进行详细说明。这种机制使模型的外在表示与详细描述相分离，为增量式建模提供了方便。增量式的建模可以通过以下方式完成：先画图，然后再对这个模型进行详细描述；也可以是对一个遗存系统进行逆向工程，即先描述模型元素的具体内容，然后再创建模型的投影图。

2）修饰

在 UML 模型中，每个建模元素都有一个特定图形符号，以表达模型元素的基本内容和语义。例如，类的图形符号（如图 3-4 所示）展示了类的基本要素，即类的名称、属性和操作。修饰就是定义在这些基本要素基础上的内容和语义，可以描述模型元素更具体的细节。例如，在图 3-4 中，用“<< >>”表示类的构造型，斜体字类名表示该类为抽象类，斜体字操作名表明这 3 个操作是抽象操作，属性和操作前的加、减符号表示其可见性（减号代表私有，加号代表公有）。

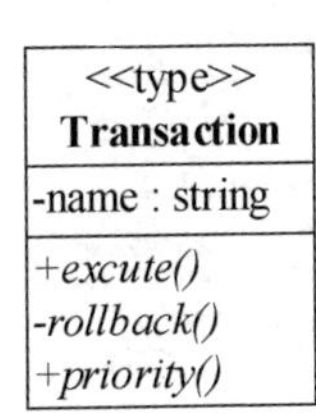

图 3-4　类的图形符号

3）通用划分

通用划分是表示不同抽象概念层次的机制，通常有两种划分方法。

第 1 种划分方法是对类和对象的划分。类是一种抽象，对象是这种抽象的一个具体的实例。UML 模型中，采用与类同样的图形符号表示对象，并在对象名称下面画一道实线，如图 3-5 所示。

Student
+Name #Sex -Stu_id
+chooseClass() +attendClass()

a student : Student
Name = 李四 Sex = MALE Stu_id = S0000001

图 3-5　类和对象的通用划分机制

第 2 种划分方法是接口与实现的分离机制。接口是一种声明和协议，也是服务的入口；而接口的实现则表示对该声明的具体实现，它定义了实现接口的完整语义。

UML 模型中用例和实现用例的协作、操作和实现操作等都是这种接口和实现的关系。图 3-6 给出了一个接口类与实现类相分离的表示形式。

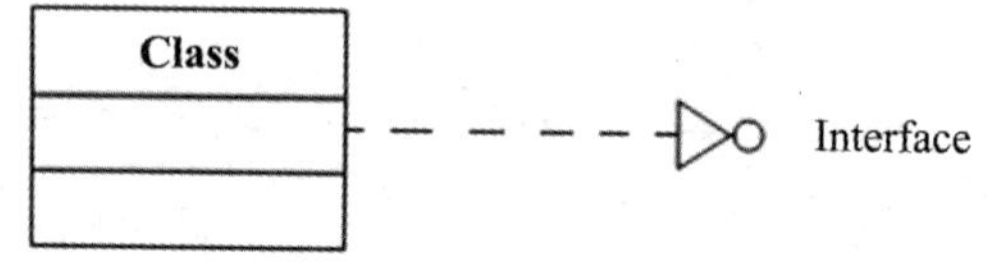

图 3-6　接口与实现的分离机制

3.2.2　UML 扩展机制

虽然 UML 提供了丰富的模型化概念表示方法，可以满足一般的软件系统建立模型的需要，但是一个封闭的语言即使表达能力再丰富，也难以覆盖不同领域交流的特殊需求。为此，UML 提供了构造型及其配套的扩展机制，让用户在 UML 基本语义之上重新定义或约束 UML 建模元素的语义，以满足特殊需求，同时又维持 UML 的基本语义。

1. 构造型

构造型是对构造块的概念进行扩展的机制，它可用于扩展任何构造块的基本概念。UML 的设计初衷是表达软件概念，因此构造块的词汇大都来源于软件程序词汇，如类、属性、操作等。但这些词汇在领域分析时往往是不适用的，要用领域词汇对其进行扩展。例如，在做数据库领域分析时，就可以用表、视图等数据库领域词汇来扩展类的概念，即为类定义<<table>>、<<view>>等构造型，以表达表和视图等概念，为属性定义<<PK>>、<<FK>>等构造型，以表达主键和外键等概念，如图 3-7（a）所示。这样，就可将 UML 扩展为一种领域特定的建模语言（Domain-Specific Language，DSL）。

构造型的图形化表示方法有以下 3 种。

（1）基本表示法：把构造型用双尖号括起来的名字表示，并且把它放在原始元素名字之上，如图 3-7（a）所示。

（2）直观表示法：可以为构造型定义图标作为可视化提示，并把该图标放在名字的右边（此时采用基本表示法来表示元素），如图 3-7（b）所示。

（3）图标表示法：直接用新图标作为构造型元素的基本符号，如图 3-7（c）所示。

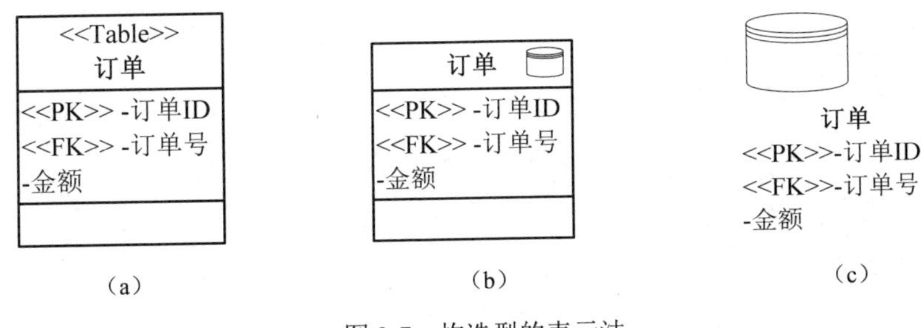

图 3-7　构造型的表示法

2. 标记值

标记值是关于构造型特性的进一步描述。如果将某个构造型的概念建模为一个类，那么这个类就定义了一组具有相同属性的构造型，此概念的实例就是一个具体的构造型，其某个属性可以取一个具体的值。构造型概念的属性被称为该构造型的标记，其值就是标记值，用花括号表示。例如，在动物研究领域中，可以用动物分类法定义构造型，并按照动物的特征（如脚的数量）定义标记值。图 3-8 的左半部分给出的是描述老虎的类图模型，它以图中右半部分给出的“脊椎类动物”概念的一个实例（4 只脚的脊椎类动物）为构造型。

在软件模型中，标记值的用途之一是说明与代码生成或配置管理相关的特性。例如，代码生成器需要有关代码种类的信息，从而从模型中产生代码。而产生代码的方式有多种，这就要求建模人员做出选择。而标记值可以指明特定的类所映射到的编程语言。

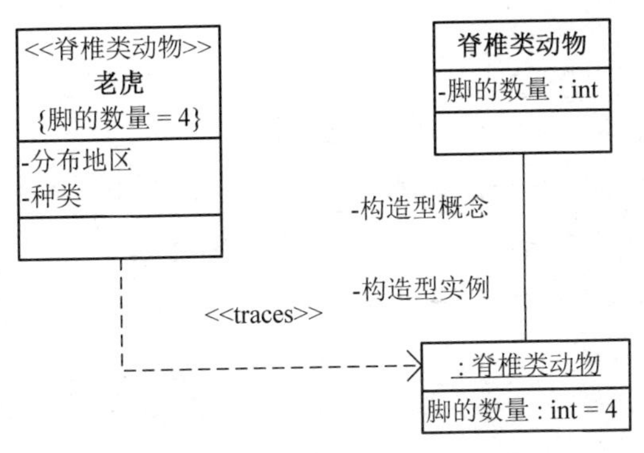

图 3-8　标记值

3. 约束

如果需要重新定义或扩展 UML 构造块的语义，就可以使用约束机制。约束可以表示 UML 规范中不能表示的语义关系，特别是当陈述全局条件或影响许多元素的条件时，约束机制特别有用。约束的表示方法和标记值类似，也是使用花括号括起来的串表示的，放在相关元素的附近（注意：不能放在建模元素中）。约束可以写成自由形式的文本，也可以使用 UML 的 OCL 对其进行形式化描述。

图 3-9 给出了一个示例。其中，“xor”是异或关系谓词，它表示银行账户（BankAccount）分为公司（Corporation）和个人（Person）两种，只能二选一；性别（Gender）是一个枚举型属性，取值为女（female）或男（male）。此外，该例中还使用 OCL 描述了一条模型约束规则“对于任何人，如果是妻子，则性别为女，如果是丈夫，则性别为男”。这条规则可以检查模型的正确性。

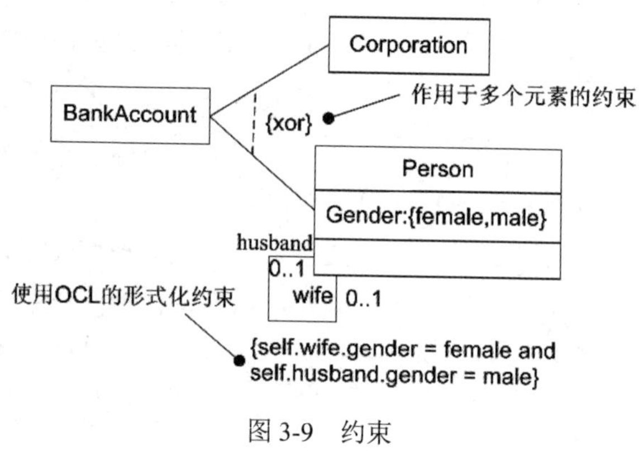

图 3-9　约束

3.2.3 UML 形式化机制

UML 中采用的图形化表示机制表达了系统许多方面的特征，但是仅仅使用 UML 中的图形符号有时候不能很好地表达模型的相关细节。为了表示这些细节问题，通常需要对模型中的元素增加一些约束。这些约束条件可以采用自然语言描述，但实践表明这样容易产生二义性。为了无歧义地描述约束条件，需要引入形式化语言。OCL 就是基于 UML 的形式化描述语言，用于对模型元素进行语义约束，以便人们通过自动化工具对模型进行正确性检查。

1．OCL 的基本概念

OCL 于 1995 年由 Warmer 和 Steven Cook 等人在 IBM 公司的一个项目中设计成功并开始使用。之后，它被正式采纳并加入 UML 1.1 规范中，被 OMG 定义为 UML 的附加标准。目前，最新的 OCL 2.4 已正式在 OCL 规范中定义并被 OMG 采纳。

OCL 具有以下特点：

（1）OCL 是一种精确的、无歧义的语言，易于使用和掌握；

（2）OCL 不是一种程序设计语言，不能用 OCL 编写程序或描述控制流程；

（3）OCL 是一种规范说明性语言，所有有关实现的问题都不能用 OCL 来表达；

（4）OCL 只是一种纯表达式语言，它不会改变模型中的内容，对表达式的计算将返回一个值，同样不会改变系统的状态；

（5）OCL 是一种类型化语言，即 OCL 中的每个表达式都是具有一定类型。

OCL 的作用在于，可辅助开发人员正确理解模型所表达的确切含义，可通过自动化工具对模型进行语义检查，也可为模型的仿真执行生成代码。目前已经有一些工具支持 OCL，如 ArgoUML、Poseidon 等，这些工具可以根据 OCL 生成相应的代码。

2．OCL 的内容简介

OCL 语句由表达式组成。表达式包括附加在模型元素上的不变量或者约束的表达式，以及附加在操作和方法上的前置和后置条件。学习 OCL 的关键是掌握表达式的类型、操作和约束等概念。

1）OCL 的基本类型及其操作

OCL 预定义了很多基本类型，大部分 OCL 表达式都属于这些基本类型。表 3-4 列出了 OCL 中的一些基本类型及其值。

表 3-4　OCL 中的部分基本类型及其值

类　型	值
Integer	1，2，-100，5520
Real	1.414，-23.25
String	to be or not to be
Boolean	true，false

OCL 在基本类型上定义了一些操作，这些操作的含义及用法与一般程序设计语言中的操作的含义基本类似。表 3-5 给出了 OCL 基本类型的运算符。

表 3-5　OCL 基本类型的运算符

类　型	运　算　符
Integer	=，<>，<，>，<=，>=，+，－，*，/，mod, div，abs，max，min
Real	=，<>，<，>，<=，>=，+，－，*，/，abs，max，min，round，floor
String	concat，size，toLower，toUpper，substring，=
Boolean	or，and，xor，not，=，<>，implies，if-then-else

OCL 中的操作符也有优先级顺序，这些操作符的优先级顺序从高到低如表 3-6 所示。如果想改变操作符的顺序，则可以使用括号。

表 3-6　操作符的优先级

操　作　符	说　　明
@pre	操作开始时刻的值
.和→	点和箭头
not 和－	“－”是负号运算
* 和 /	
＋和－	“－”是二元减法运算
if-then-else-endif	
<，>，<=，>=	
=，<>	
and，or，xor	
implies	是定义在布尔类型上的操作

同样，OCL 也定义了一些关键字，这些关键字不能作为包、类型或属性的名称。表 3-7 列出了 OCL 中的关键字。

表 3-7　OCL 中的关键字

and	inv	endif	package	xor
at	let	endpackage	post	in
context	not	if	pre	or
def	oper	implies	then	

OCL 中的注释行以两个负号开头，直至行末结束，如“--This is a comment.”。

除了表 3-4 中提到的基本类型，OCL 自身定义了一些复杂类型，如聚集（Collection）、集合（Set）、包（Bag）和序列（Sequence）。其中，聚集是抽象数据类型，而集合、包和序列是具体的类型。Set 中不会包含重复的元素；Bag 中元素可以有重复；Sequence 与 Bag 类似，但其强调元素的有序性。此外，UML 模型中定义的类也可以作为 OCL 约束的类型使用，通过这种方式得到的类型称为模型类型。

OCL 还定义了针对 Set、Bag、Sequence 的常用操作，如表 3-8 所示。

表 3-8　OCL 中的常用操作

操作名称	概　述
select	根据一个条件生成一个集合
reject	是 select 的反操作，返回满足 false 的集合
forall	在集合中的所有元素都满足表达式时返回 true
exists	在集合中至少有一个元素满足表达式时返回 true
size	返回集合中的元素
count	返回集合中等于接收的元素数目
isEmpty	如果集合中没有元素，则返回 true
notEmpty	如果 Collection 中还有元素，则返回 true
include（object）	如果 Collection 中包含 object 这个对象，则返回 true
union（set of object）	返回 Collection 中和 set of object 的合集
intersectuib（set of object）	返回 Collection 中和 set of object 的交集
sum	返回集合中所有元素的合计算

值得注意的是，在 OCL 2.0 中增加了元组（Tuple）这种类型。一个元组由多个命名的部分组成，每个部分可以有不同的类型。可以说，元组是几个不同类型的值的组合（例如，Tuple {name:String = ‘Vincent’, age:Integer = 22}）。

2）OCL 的表达式

表达式是由若干基表达式和所使用的相应类型特性构成的，一般是该上下文对象的名称，或是它的特性。如果该名称是隐含的话，关键字 self 用于指示当前上下文对象。上下文对象决定了哪个对象集合被规则约束或定义在模型中的 OCL 从何处导入。上下文对象由 context 关键字确定，后面是该上下文的名字。表达式的上下文可以是类、关系、操作或属性。

上下文的类型有 3 种：不变量（Invariant）、前置条件（Pre-condition）和后置条件（Post-condition），分别使用关键字 inv、pre 和 post 表示。不变量约束主要用于类，前置条件和后置条件约束主要用于操作。不变量是在一个上下文的生命周期中必须始终为 true 的值，前置条件是一个在实现约束上下文之前必须为 true 的值，后置条件是一个在完成约束上下文前必须为 true 的值。

图 3-10 给出了一个 OCL 表达式的实例。例子中，约束的上下文是某用户借记卡 SavingAccount 类的不变量 balance 属性，后面是不变量的表达式（总是布尔类型），布尔类型的表达式说明对象必须赋予真值，表示 balance 属性的值必须大于 0。前置条件是用户取款数额不超过卡的余额（用户使用的是借记卡），后置条件是取款操作过程中余额应该是账户余额减去用户取款数额。属性名后加注@pre 符号是用来标注需要将这个当前值与该操作被调用前的属性值相比较。

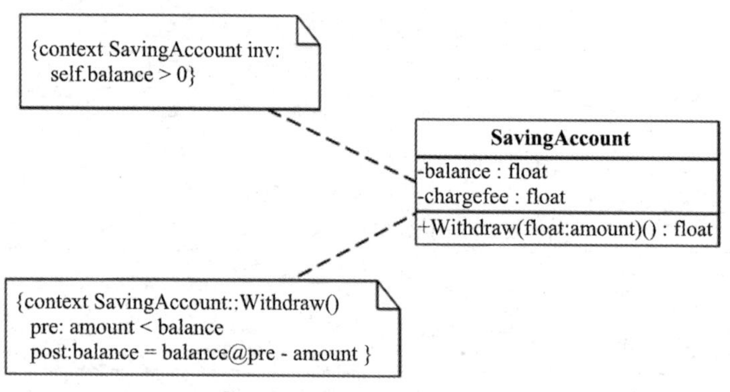

图 3-10 OCL 的表达式示例

正如前文提到的，OCL 可以是完全没有副作用的约束表达式，并且是陈述、正式的语言。通过 OCL，可以使用形式化的语言表示对模型元素的约束或对规则进行说明。当确定一个规则被违反或者一个保护条件被满足时，它并不采取任何行动来影响模型的内容或系统的状态。

3.3 UML 2.0 与 UML 1.0 的区别

目前，UML 已经成为软件行业广泛采用的建模标准，而且被植入许多软件工程工具中，如 IBM Rational 的 XDE 以及宝兰（Borland）公司的 Together Control Center。但是随着软件行业的飞速发展，以及 J2EE、COM+、.NET 等技术的出现，组件技术得到很大发展，企业应用中普遍使用基于组件的开发方法，UML 1.x 已经不能完全适应这些应用领域。而且，UML 1.x 也无法满足实时应用方面的需求。面对上述不足，OMG 组织了对 UML 的再修订。

2003 年 6 月，在巴黎的 OMG 技术会议上通过了 UML 2.0 规范，由此完成了业界最重要的建模语言的升级。UML 2.0 的一些内容改进反映了目前软件技术发展的一些成果，并很好地体现了 MDA 和面向服务体系结构（SOA）的思想。UML 2.0 的基本特征是：

（1）增加了少量新特性，以提高语义的精确性和概念的清晰性；

（2）加强了框架建模能力，使其在大型软件系统上得以广泛应用；

（3）采用了模块化结构，方便建模者派生出领域特定的建模语言；

（4）强化了 MDA 理念，为实现可执行模型和完全的模型代码生成奠定了基础。

具体来看，UML 2.0 共定义了 13 种图，比 UML 1.x 新增加了复合结构图（Composite Structure Diagram）、定时图（Timing Diagram）、交互概览图（Interaction Overview Diagram）这 3 种图，并在原有的类图、用例图、活动图等基础上增加了新的描述功能。以下将对 UML 2.0 的新特性进行简要介绍。

3.3.1　类图的区别

UML 2.0 对类和关联的基本概念并没有太多的改变，但是提供了大量的新特性，使得人们对系统的描述更加准确。例如，UML 2.0 中类的关联增加了指向（navigated）的概念，如果关联的一段出现了箭头，则关联关系沿箭头的方向从源头指向目标；如果“×”出现在关联末端，则说明没有明确指明指向；没有箭头和“×”的关联允许双向的指向。再如，类与接口之间除了实现关系还增加了使用关系。

UML 2.0 中类的属性按照以下语法定义：

[可见性][/]名称[：类型][多重性][=默认值][{特性字符串}]

其中，可见性表示该属性的可见范围是 public（+）、private（-）、protected（#）和 package（～）。斜线（/）表示该属性是否为派生属性。这些都是 UML 2.0 中新增的内容。属性的多重性在方括号中表示，而特征属性字符串包括{readonly}、{union}、{subsets<特征名称>}、{redefine<特征名称>}、{ordered}等。

3.3.2 用例图的区别

UML 1.4 中加入了扩展，以表示用例是如何被扩展的。为了更清楚地表示用例之间的扩展关系，UML 2.0 增强了扩展点的功能，加入了扩展的条件用于表示用例之间扩展的真实逻辑关系，同时还清楚指出了扩展的确切位置。UML 2.0 对表示扩展细节的方式也做了改变，即在扩展关系上附加注释，指出扩展条件。

例如，图 3-11 描述了电话会议用例是如何扩展打电话用例的。首先开始普通电话用例，然后在电话会议的另一方的电话机上，按下挂起键，并且按下特征激活号码（*76），听见拨号音的时候，就可以与另外一方进行电话会议了。

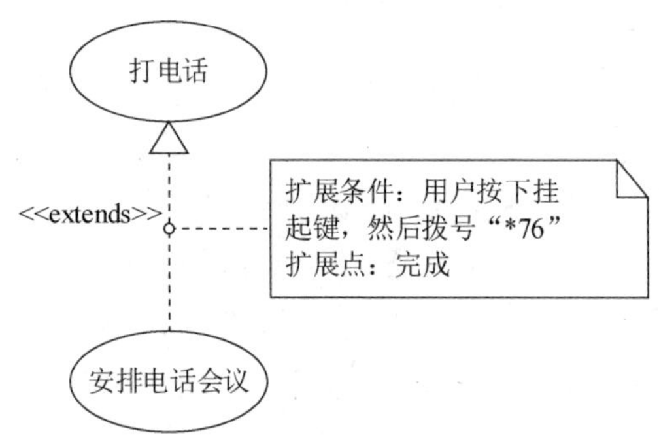

图 3-11　用例的扩展条件示例

3.3.3 活动图的区别

活动图是所有图中变化最大的一种。在 UML 2.0 活动图中，构成模型的基本单元——节点，不再是活动（Activity），而是动作（Action）。活动成了一个更高层次的概念，它可以包含一个动作序列。活动图可用于展示组成一个活动的所有动作。动作有它对应的前置条件和后置条件。这些约束表现为附在动作上的、具有相应构造型的注释，如图 3-12 所示。前置条件表明动作执行前必须满足的条件，后置条件表示动作执行之后所产生的结果。

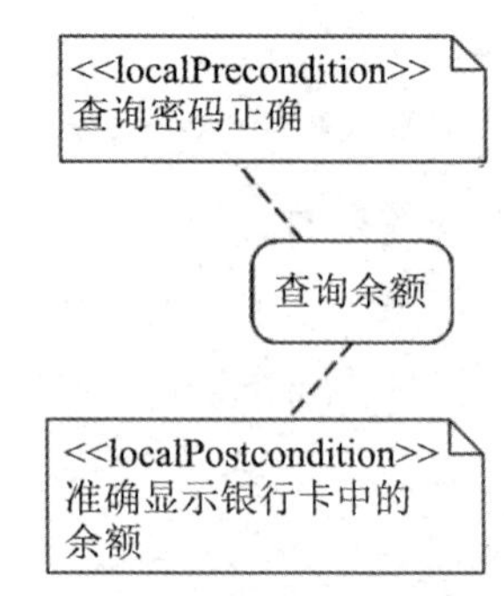

图 3-12　动作的前置条件和后置条件示例

UML 2.0 活动模型中的动作触发条件与 UML 1.0 相比有很大变化。除了采用输入流触发机制，人们定义了 3 种信号概念，即定时信号（Time Signal）、发送信号（Send Signal）和接收信号（Receive Signal）。当预定时间到达时，定时信号被触发；发送信号即发出一个异步消息，对于发送者而言就是发送信号，而对于接收者而言就是接收消息。图 3-13 给出了一个典型的货到付款网上购物流程。当订单下达后，发货方等待顾客确认订单信息。顾客在 24 小时内确认订单后，商家发送货物。若顾客在规定时间内没有得到确认，则取消该订单。

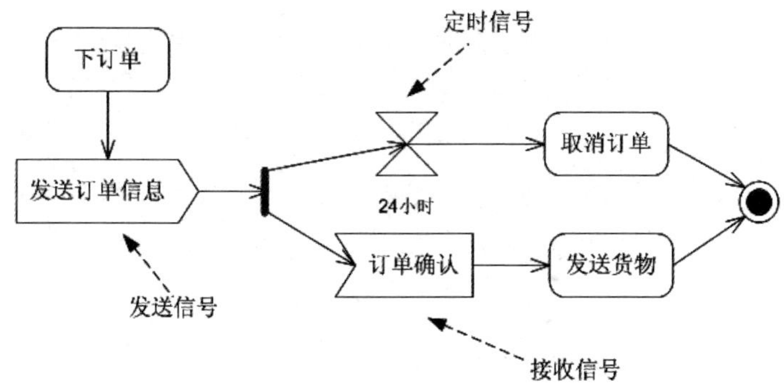

图 3-13 信号的表示方式示例

UML 2.0 引入了连接器（Connector）和活动分区（Activity Partition）的概念。连接器描述了跨越活动图的动作流，表明某个流从一个活动图延续到另一个活动图。图 3-14 给出了连接器的用法。在两个活动图中有两个名字都是 A 的连接器，这意味着左图中的 A 和右图中的 A 在逻辑上是同一个节点，动作"Send Out Late Notice"的下一个动作就是"Place Hold on Account"。活动分区则通过角色、位置、组织等概念来对活动进行分组，解决了多维度情况下泳道构建问题。图 3-15 中架构师和业务分析师的工作分布在上海和北京两个地方进行，业务分析师在上海操作建立需求和冻结需求的动作，又在北京进行评审需求的动作；而架构师在上海执行建立领域模型的动作，又要在北京执行建立用户接口设计的动作。通过活动分区能够很容易表达传统的泳道很难表示的内容。

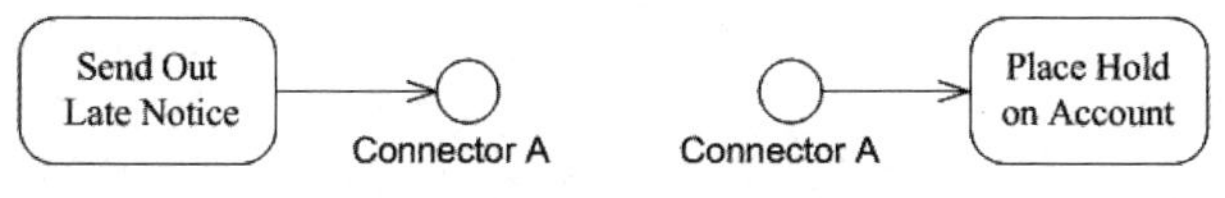

图 3-14 连接器的表示方式示例

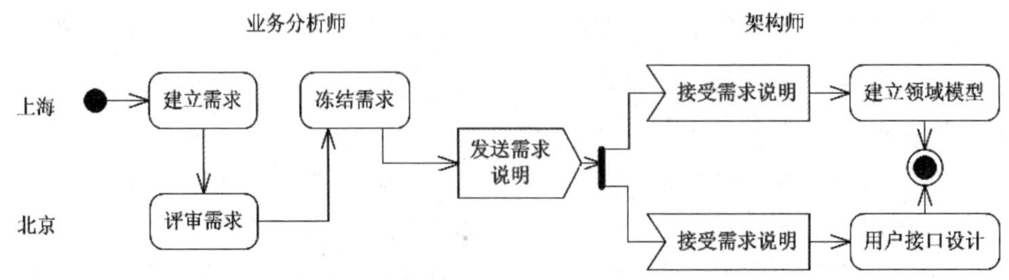

图 3-15　活动分区表示方式示例

UML 2.0 活动图中还包含了对异常处理的支持。异常处理过程包括两个阶段：前一阶段是抛出异常，比如程序语言中的 try 声明；后一阶段是捕捉异常并做出相应的处理，通常在一个 catch 块中。try 块被称为保护节点，catch 块被称为处理体节点。如果出现异常，则在一组异常处理体节点中寻找相应的处理体节点，找到后该处理体节点被调用，捕捉该异常并作相应处理，如图 3-16 所示。

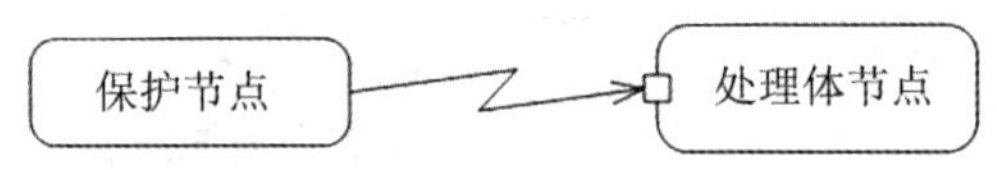

图 3-16　异常处理表示方式示例

此外，在 UML 2.0 中还引入了流终点符号作为一种新的控制流标记。与活动终点不同，流终点用来表示某个动作流的结束，而活动图中其他流仍然可以进行。

3.3.4　UML 2.0 新增的模型图

1．通信图

UML 2.0 中的通信图并不是一个新图，它其实就是早期版本中的协作图。通信图强调了参与交互作用的对象组织。它主要描述了两个方面：第一，对有交互作用的对象的静态结构的描述，包括相关对象的关系、属性和操作；第二，描述为了完成工作在对象间交换的信息的时间顺序。

2．交互概览图

交互概览图是 UML 2.0 中新增的模型图，它由活动图和时序图两种元素组成，其表现形式有两种：一种是以活动图为主线，针对活动图中的某些重要活动节点，利用时序图进行细化；另一种是以时序图为主线，用活动图细化时序图中的某些重要对象。图 3-17 给出了一个以活动图为主线的图书馆借书交互概览图。左上角带有 ref 标签的矩形框表示交互活动，用时序图表达交互细节。该模型表明在用户借书过程中，首先通过查询得知到哪里找到书，然后请求管理员办理借阅手续后，管理员允许带走图书。

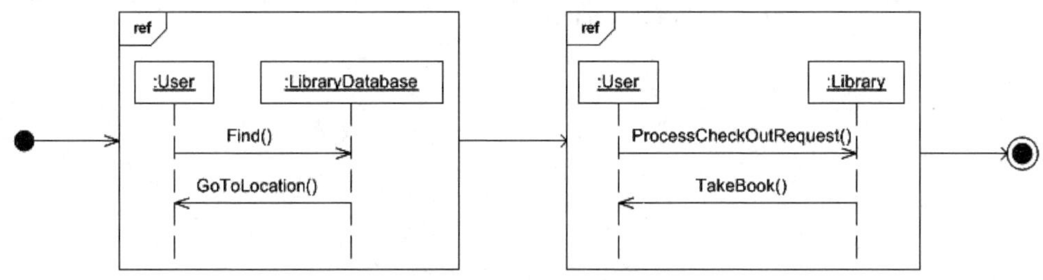

图 3-17　交互概览图示例

3. 复合结构图

复合结构图是 UML 2.0 中新增的模型图。它通过组件将类聚合在一起，从组件的内部结构来审视这些类。复合结构图通过“部件”（Part）和“连接器”（Connector）来表示内部结构。其中，部件也称为结构化部分，代表了上下文关系中的一个或一组对象的元素，也可以是类的一部分，采用矩形符号表示部件；连接器是一种上下文的关联，用来连接两个部件，其表示方式与关联相同。图 3-18 给出了一个复合结构图示例，它描述了一个 Person 类由 Mind 和 Body 两部分组成。在 UML 1.x 中允许使用这种符号，而 UML 2.0 中将这样的方法明确定义为一种图。

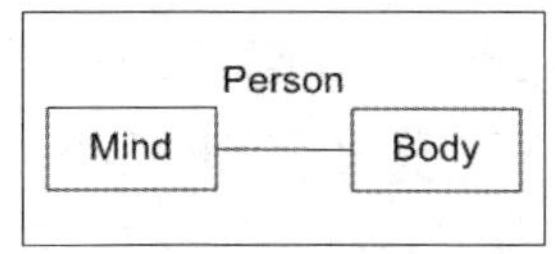

图 3-18　复合结构图示例

4. 定时图

定时图是 UML 2.0 中新增的模型图。UML 1.x 无法表述交互过程中很强的时间特性（如描述实时控制系统），则 UML 2.0 引入了定时图以解决该问题。

根据 UML 定义，定时图属于行为图的范畴，如图 3-19 所示。它是一种特殊的时序图，与时序图的区别主要在于：

（1）有表示时间推移的坐标轴；

（2）利用生命线的上下起伏表示状态的变化，水平位置代表维持一种状态，状态的顺序可以有意义，也可以没有；

（3）利用时间刻度标尺来表示时间间隔。

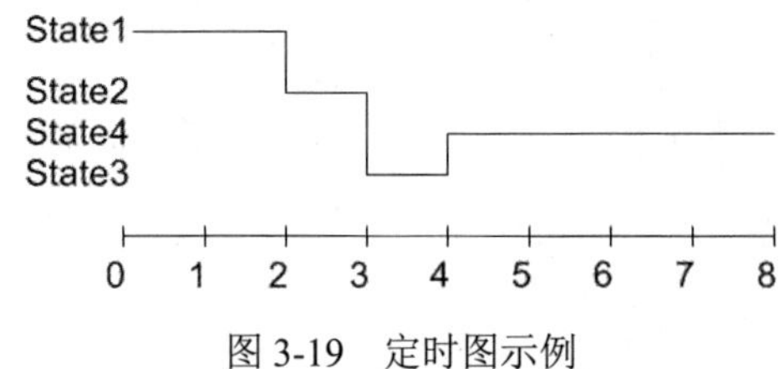

图 3-19　定时图示例

3.4　本章小结

本章的重点是 UML 的机理，包括其建模机制、扩展机制和形式化机制。UML 的建模机制由构造块、规则和公共机制三方面组成。其中，构造块是构成 UML 模型的基本元素，也是需要深刻领会和掌握的基本内容；规则是 UML 建模时应遵守的规范；公共机制是附加在构造块上的描述、修饰或通用划分。有关 UML 建模机制的相关概念还将在后续章节结合建模原理详细介绍。扩展机制使 UML 可作为一个元语言，为不同领域定义领域特定的建模语言，由此大大增强了 UML 的灵活性和应用范围，使它不仅可以用于软件建模，还可用于业务领域分析和系统工程领域建模。为了增强 UML 的形式化机制，OMG 采纳了对象约束语言 OCL，作为 UML 的补充。OCL 是一种表达式语言，仅用于在构造块上定义一些语义约束，不描述系统本身特性和状态。本书仅对 OCL 进行了简要介绍。如果读者对 UML 形式化机制感兴趣，可参阅其他相关资料及教材。

3.5　习题

1．简述 UML 统一建模语言的发展历程。

2．UML 的定义及它的主要作用包括哪些？

3．UML 的建模方法是什么？

4．UML 模型中的事物有哪几种？

5．UML 模型中的关系有哪几种？

6．UML 2.0 提供了哪几种图用于支持动态建模？

7．简要介绍 UML 扩展机制及其目的。

8．UML 为什么提供形式化扩展机制？

9．简要回答 UML 2.0 相对 UML 1.0 的改进。

第4章

对象概念建模

类图主要用于分析事物的静态概念及概念之间的关系，设计软件体系结构是UML建模的核心内容之一。本章将讨论如何规范表达UML的类图模型，如何分析对象之间的关系，如何构建对象的静态概念模型以及如何应用类图建模方法解决软件工程等问题。

4.1 概念建模及其意义

概念模型是从一定视角出发对客观世界现象的抽象认识，它反映客观世界事物在人脑中形成的逻辑概念及其相互之间的联系。这些概念包括真实世界中的概念、抽象的概念、实现方面的概念和计算机领域的概念，即系统中的各种概念。人们只有深入分析事物及其相互联系，才能正确理解系统需求，将现实世界的对象映射到软件世界的对象，设计出正确反映用户需求、结构合理的软件框架。

对象概念建模就是以客观世界的事物或计算机世界的软件和数据实体为对象，描述对象及其相互关系的静态结构。如果建模对象是现实世界，则概念模型用作领域分析或需求分析，它反映现实世界的人、物和事物以及他们之间的相互联系。如果建模对象是软件，则概念模型用作软件设计，它反映软件中的类、组件、服务以及它们之间的相互联系。UML 的巧妙之处在于，它统一了需求分析和软件设计两个不同阶段的方法，使需求分析成果可直接运用于软件设计，因此也将需求概念映射到软件设计概念中。这样，不仅有利于验证软件设计的正确性，而且也给软件的后期维护带来了极大的方便。

对象概念建模的一个关键要点是，使事物的信息结构和行为特征统一到一个独立的对象结构中。也就是说，现实世界或软件世界的信息（数据）和关于这些数据的操作都被建模为对象类的特征，通过类将对象的数据和行为封装在一个统一体中。因此，面向对象分析和设计的一个公理就是：对象=数据+操作。所谓数据，指对象必然包含的信息；所谓操作，指对象可能包含的，尤其与该对象数据相关的操作。前者一般是由需求来确定的，后者往往是由设计人员设计出来的。

例如，在分析一个航班票务管理系统时，可将预订航班建模为一个对象，将航班号、离港时间、全票价格、预订数量等信息建模为其属性，将浮动价格计算、预订、退票等程序逻辑建模为其操作，这样就得到了一个预订航班的对象统一体，票务管理系统对其进行操作就可完成航班的预订、查询等功能。这个模型既反映了现实世界中的相关概念，也反映了软件设计中的概念。

对概念建模的另一个要点是，分析事物之间的相互联系，通过事物间的联系把握事物的整体脉络。现实世界或软件世界的事物往往是相互关联的，因此系统通常是由许多相互关联的对象组成的，它们各自完成局部功能，并相互协作完成系统的功能。对象关系分析就是搞清楚一个系统由哪些对象组成，对象中包含哪些内部对象，对象在系统运行中扮演何种角色或完成什么局部功能，对象之间如何联系等问题。

例如，在设计网上订票系统的航班查询功能时，可将所有查询到的可预订航班组成一个航班查询列表，显示在查询界面上。航班查询列表是一个复合对象，它包含了多个可预订航班对象。当用户在查询界面选中某个具体航班并进行预订时，系统就可显示预订航班的信息和可操作的功能按钮，这样用户就可对其进行预订或计算价格等功能。

总之，对象概念建模主要包括以下要点：

（1）识别对象，即通过领域分析找出对系统功能实现有意义的对象，将软件概念与现实世界的相关概念对应起来，使系统需求变为软件设计；

（2）分析对象特征，即通过领域分析找出该对象必须拥有的、对系统功能有贡献的信息，将其建模为对象属性；通过功能分析并合理地设计对象的操作，使其不仅能够满足系统功能实现的需求，而且在概念上与现实世界相吻合；

（3）分析对象之间的关系，即从整体上分析对象之间的抽象、聚合、协作、依赖、实现等逻辑关系，并搞清楚每个对象在系统中的定位。

4.2 UML 类图和对象图表示法

类图是面向对象建模中最常用的图，是表达系统设计领域中对象概念的模型，也是分析和设计软件系统的基础。类图由类、类的属性和操作、类之间的关系、端口等构造块和公共机制组成。一幅类图可表达一个完整的对象概念模型，也可以是某个对象概念模型的局部。对象图是系统运行某个时刻的快照，它反映类在某个时刻取值后的状态。

4.2.1 类和对象的表示法

类是一组结构及行为相似或具有相同属性、操作、关系和语义的对象。类可以在类图和复合结构图中创建。类的结构由其属性和关系确定，其行为由其操作确定。类可用于描述物理概念（如飞机）、业务概念（如订单）、逻辑概念（如航班预订）、应用程序概念（如查询按钮）、行为事物概念（如任务安排）等。

图 4-1 给出了航班对象的类图，该对象包含航班号等属性和折扣价格计算等操作。在国内，当类图用作领域分析时，通常采用中文描述，类的名字、属性和操作等都采用中文，这样便于我们准确理解其内容，如图 4-1（a）所示。当类图用作软件设计时，一般采用英文描述，这样便于我们与程序对应，如图 4-1（b）所示。应注意，类的命名遵循 UML 命名规范，用名词或动名词，且不可重名。在用英文描述时，类名的首字母用大写，而属性和操作的首字母用小写。

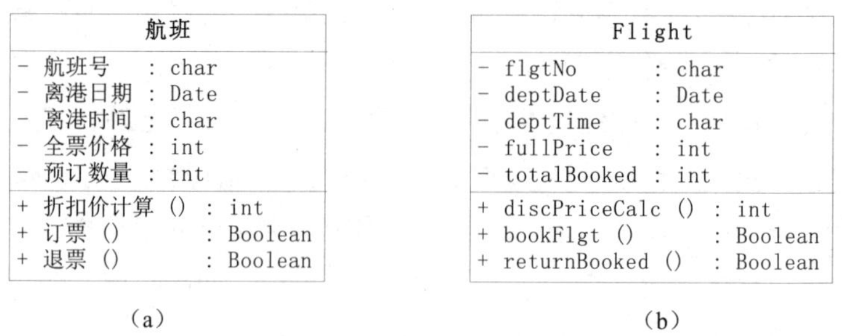

图 4-1　类的表示法示例

接口类（Interface Class）是一种特殊的类，用以说明某个类外部可见的行为，即一组有待实现的操作或方法。它是通过扩展 UML 构造型（Stereotype="Interface"）

得到的，如图 4-2（a）所示。有些 UML 建模工具采用特殊的图形标记表示，如图 4-2（b）和（c）所示。

图 4-2　接口类的表示法示例

抽象类（Abstract Class）也是一种特殊的类，其操作通常为空。但它并不是一个设计说明，而是程序的组成部分，通常用于定义多态（Polymorphism）程序结构。在运行期间，抽象类的操作将被其子类所重载，从而完成具体的功能。图 4-3 给出了一个打印机程序的多态结构设计模型。其中，打印机是一个抽象类，print()是一个空操作；喷墨打印机和激光打印机是打印机的子类，它们的 print()操作在运行时可重载父类的同名操作。这种程序结构可以在运行时根据需要选择合适的打印机，完成不同的打印功能。

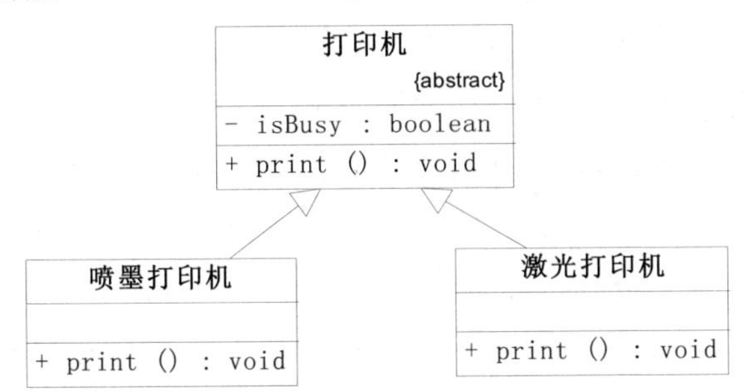

图 4-3　抽象类的表示法示例

对象图是 UML 的一个可选模型图。有些 UML 工具并不支持这种图建模。对象命名格式为<对象名>：<类名>，在图形中用下划线表示，其中对象名可以省略，如图 4-4 所示。通常，对象中应包含一个以上类的属性，且这些属性必须取特定的值。

:航班
航班号　= "MU2812"
离港日期 = 2013-07-03
离港时间 = "15:30"
预订数量 = 56

图 4-4　对象的表示法示例

4.2.2 属性的表示法

一个类可以有一个或多个属性，也可以不包含任何属性。属性用来描述该类对象所具有的静态特征，其变化可反映对象状态的变化。类的属性可分为两种：一种是代表对象状态变化，声明本对象所拥有的或被其他对象访问的数据，称为一般属性；另一种代表对象之间的关联关系，为本对象访问其他对象定义了指针，称为关系属性。

一般属性必须按照规范命名。根据模型的详细程度要求，除了属性名称，每个属性可以包括可见性、类型、默认初值和约束等信息。关系属性的表示法将在下一节介绍。一般属性的语法格式为：

[<可见性>] [‘[‘<构造型>’]’]<属性名称>[：<类型>] [‘[‘<多重性>’]’] [‘[‘<约束特征>’]’] [=<默认初值>]

其中“[ ]”中的部分是可选的，说明除了属性的名称，属性的其他描述，包括可见性、类型、默认初值等都是可以省略的。

（1）可见性：属性有不同的可见性，利用可见性可以控制外部事件对类中属性的操作方式。可见性的含义和表示方法如表 4-1 所示。

（2）构造型：表示该属性所属的自定义类别。

（3）属性名称：属性名称是描述所属的类的特性的短语或名词短语。通常将属性名的每个组成词的首字母大写，其余字母均小写，如 name、personNumber 等。

（4）类型：类型表示该属性的种类，它可以是基本数据类型，如整数、实数、布尔型等，也可以是语言相关类型（如 Java 语言规定的类型），或用户自定义的类型。

表 4-1 属性的可见性表示法

UML 符号	意　义
+	公有属性：能够被系统中其他任何操作查看和使用
–	私有属性：只能被本类所访问
#	保护属性：可被本类及其所有的子类所访问
*	包内可见属性：可被本所在包中的所有类访问

如果类中没有显示可见性，就被认为是未定义的。在需求分析阶段一般先不考

虑可见性问题。

（4）多重性：多重性声明并不是表明数组的意思，如多重性标识为 1..*，表示该属性值有一个或多个，同时这些值之间可以是有序的（用 ordered 指明）。

（5）默认初始值：当类的一个对象被创建，它的各个属性就开始有特定的值。对象的状态在对象参与交互的过程中会发生变化。这时，有必要在对象的类中定义其属性的初始值。

（6）约束特性：约束特性用于描述属性的可变性。可变性描述了修改属性取值时的限制。在 UML 中共有三种预定义的属性可变性。

① changeable（可变的）：它表示此属性的取值没有限制，属性的取值可以被随意修改。

② addOnly（只可加）：附加值可以添加到属性中，但不能修改。

③ frozen（冻结的）：它表明属性所在的类的对象一旦被初始化，取值就不能改变。例如，id: Interger{frozen} 就表示此属性的取值在对象被创建之后是不可更改的。

4.2.3　操作的表示法

一个类可以有多个操作或根本没有操作。操作描述的是对数据的具体处理方法，因此它也可被称为方法或服务。存取或改变属性值或执行某个动作都是操作，操作说明了该类能做什么工作。在 UML 中，操作被定义为一个类所能提供的服务的实现，此服务能被请求，以改变提供服务的对象的状态或为服务的请求者返回一个值。

类的操作所提供的服务分为两种：一种是操作的结果引起了对象状态的改变，状态的改变也包括相应的动态行为的发生；另一种是为服务的请求者提供返回结果，而不改变对象状态，如执行特定的计算并把结果返回给请求者。

UML 规定操作的语法格式为：

[可见性] 操作名 [（参数表）] [: 返回类型] [{约束特性}]

操作名是用来描述所属类的行为的动词或动词词组，通常将组成操作名的每个词的首字母大写，但除了第一个字母，如 move、setValue 等。操作还可以有参数和返回结果。操作的可见性也分为三种，其含义和表示方法等与表 4-1 属性的可见性相同。

对一个操作的完整描述还包括前提条件（Pre-condition）和后置条件（Post-condition）。前提条件是指操作可否执行的基本条件。例如，执行放大图形操作的前提条件是被放大的图形一定存在，否则该操作不能执行。操作完成后，判断被操作对象的状态变化是否达到预期效果，被称为后置条件。前提条件和后置条件通常用于操作正确性检查，在软件测试和验证中很有用。

根据开发过程达到的阶段，可以提供适当的信息。在孤立地考虑一个类时，人们很难确定该类应该提供什么操作。必要的操作是通过系统的全局行为分析来发现的。这种分析是在建立系统的动态模型时进行的，并且只有接近设计过程结束时才可能收集到一个类的操作的完整定义。

4.3 对象之间的联系及其表示法

对象之间的联系指从结构上看某类对象与另一类对象之间存在的语义关系，它是对象概念建模的重点之一。UML 在建模机制上定义了关联、依赖、泛化和实现 4 种语义关系，但在实际应用中关联关系和依赖关系将派生出更多种类的关系。关联关系可进一步分为一般关联、聚合、组成、访问、绑定、实例化等；依赖关系可进一步分为跟踪、使用、精化等。这里，只介绍其中几种常用的关联关系表示方法，更多的关系可采用 UML 扩展机制表达。

4.3.1 关联关系及表示法

关联关系（Association）是一种最常见的关系，它是指一类对象与另一类对象在概念上或行为上发生的关联关系。例如，导师与学生之间存在的师生关系属于静态概念上的相互关系。对这种关系建模的主要目的是分析对象概念及其相互联系，为数据库设计提供逻辑概念模型。再如，导师指导学生毕业论文属于动态行为上的关系。两类对象之所以发生关系，是因为某类对象在业务活动中与另一类对象之间发生了信息交互，或某个对象向另一个对象提供了信息服务。对这种关系建模的主要目的是分析对象的行为关联，为软件开发提供结构设计模型。

在 UML 类图模型中，用一条有向或无向线条表示两类对象之间的关联关系。如果想建模有向关系，则可在建模工具中选中可导航性（Navigable）。箭头是从动作发起方指向接收方的，如图 4-5 所示。线条可以带标签，表示具体的关系含义。线条的两端可以带角色（Role），表示在具体活动中对象所承担的角色。线条的两端还可以带基数，表明可能有多少对象发生这种关系。基数的定义规则如下：

（1）1..1 或 1：表示 1 个对象实例；

（2）0..1：表示 0 个或 1 个对象实例；

（3）0..*或*：表示 0 个或多个对象实例；

（4）1..*：表示 1 个或多个对象实例；

（5）如果没定义基数则默认为 1 个对象实例。

图 4-5　导师与学生关联关系建模示例

图 4-5 表示了这样几种可能的情况：

（1）一个教授可以指导多个研究生论文；

（2）有些研究生可能没有教授指导其论文；

（3）有些教授不指导研究生论文。

在类图模型中，关联关系是类的一个特殊属性，但它与一般属性的可视化表达方式不同，即不显示在类的属性框内，而是显示为一条关系线。从程序意义上理解，关联就是某个类可访问另一个类。图 4-5 的类图模型可通过工具生成 java 程序代码，如图 4-6 所示。从图中可以看到，Supervisor 类可访问 Student 类，因为在 Supervisor 类中定义了一组指针属性（见第 5 行），其属性名就是角色名 graduate。

```
1  import java.util.*;
2  //导师类定义
3  public class Supervisor {
4  //关系属性：访问学生类的指针定义
5    private Student[] graduate;
6  };
7  //学生类定义
8  public class Student {
9  }
```

图 4-6　导师与学生关联关系模型对应的 Java 程序代码

关联关系在对象图（Object Diagram）中的实例化被称为实例链接关系（Instance Link）。它表示在系统运行的某个时刻两个或两个以上对象实例之间存在的链接。图 4-7 表示在系统运行的某个时刻，“张翔”教授对研究生“李斌”和“王兆”进行论文指导。由于在某个时刻，对象实例之间只存在一个链接关系，因此没有基数描述。

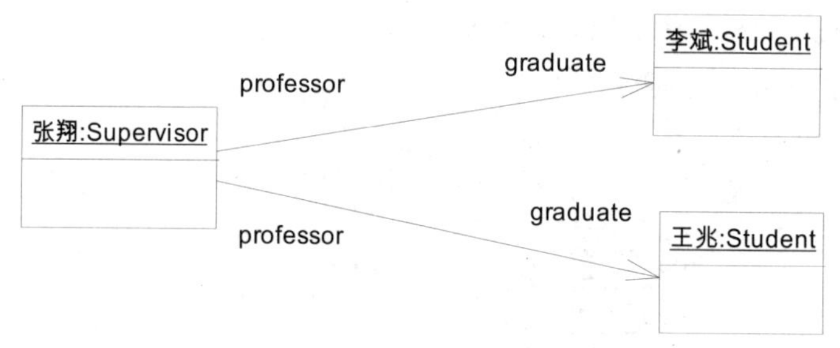

图 4-7　导师与学生链接关系建模示例

关联关系允许出现在复合结构图和组件图等静态模型中，其表达方式和含义与本节描述的相同。

4.3.2　聚合关系及表示法

聚合关系是一种具有特殊语义的关联关系，表示对象之间的关系在概念上是“整体与部件”（A-Part-Of）关系。这种关系又可细分为两种，在语义上有一定的差异。一种称为强聚合关系，指某个对象仅仅作为另一个对象的内部组成部分，不可脱离整体而单独存在，如汽车发动机是汽车的一个部件，一般不单独销售。另一种是弱聚合关系，指某个对象尽管可作为另一个对象的组成部分，但它可以独立存在，如篮球运动员和教练员与篮球队就是这种关系，尽管球队是由一些球员和教练员组成的，但这些球员或教练可能在下个赛季加入另一支球队。

在图形表示上，用实心菱形箭头表示强聚合，用空心菱形箭头表示弱聚合，如图 4-8 所示。在表达聚合关系时，通常需要描述关系基数，表示有多少部件类对象实例聚合到整体类对象。整体类对象的基数往往是 1，因此可以省略。

聚合关系在描述软件程序时也有一定的含义。通常，部件类对象作为整体类对象的内部组成，仅仅可以被整体类对象访问和操作，即从功能使用上看，部件类对象对位于整体类对象之外的其他对象是不可见的。这是面向对象程序设计的一个特性——

对象封闭性，它可将一组功能复杂的对象封装起来，构成一个相对独立的组件。

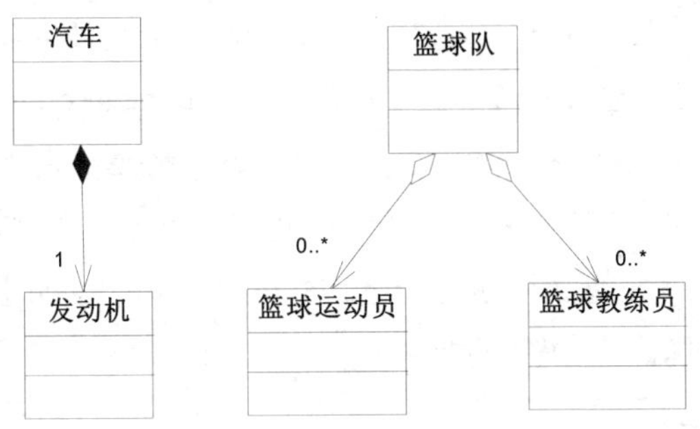

图 4-8　聚合关系模型示例

如果聚合关系是强聚合，则部件类对象一般由整体类对象实例化，也必须由整体类对象销毁，即部件类对象的生命周期依赖于整体类对象。如果整体类对象被销毁，而部件类对象却存在，那么部件类对象将无法被销毁，它将一直占用内存而不发挥任何作用。编程时应避免类似情况发生。

4.3.3　关联类关系及表示法

关联类关系也是一种具有特殊语义的关联关系。它指两类对象之间可能存在某种间接的关联关系，这种关系是否存在取决于第三类对象——关联类对象。例如，“股民”类与“上市公司”类之间可能存在关系，这种关系存在与否取决于该股民对象是否持有了该公司的股票，“股票”类就是关联类。通常，股民在查看股市行情时，并不直接查看上市公司公告。他们先查看所持有的股票情况，再通过该股票关联查看公司信息。该模型如图 4-9 所示。

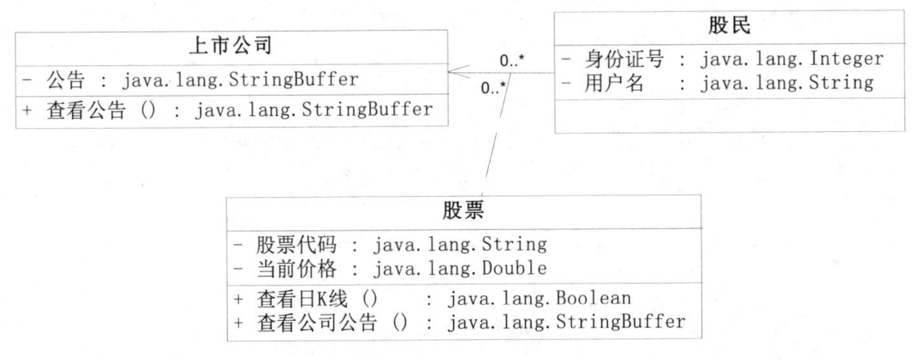

图 4-9　关联类关系示例

模型对应的Java程序代码如图4-10所示。图4-10（a）给出了“股民”类（Investor）的程序定义，其关系属性“stock”定义了访问“股票”类（Stock）的指针，因此它可以访问“股票”对象的“查看公司公告”操作（view_company_announce）。图4-10（b）给出了“股票”类的程序，其关系属性“listedCompanyB”定义了访问“上市公司”类（ListedCompany）的指针，因此它可以访问“上市公司”对象的“查看公告”操作（view_announce），并将结果通过view_company_announce操作接口返回给“股民”对象，由此实现从“股民”对象到“上市公司”对象的间接访问。

```
import java.util.*;
//股民类
public class Investor {
   //属性：用户身份证号
  private java.lang.Integer userID;
   //属性：用户名
  private java.lang.String userName;
   //关系属性：访问股票类的指针定义
   public Stock[] stock;
}
```

（a）

```
import java.util.*;
//股票类
public class Stock {
   //属性：股票代码
  private java.lang.String stockID;
   //属性：当前价格
  private java.lang.Double currentPrice;
   //关系属性：访问公司类的指针定义
   public ListedCompany listedCompanyB;
   //操作：查看日K线
  public java.lang.Boolean view_K-line() {
      // TODO: implement
   }
   //操作：查看公司公告
  public java.lang.StringBuffer view_company_announce()
      {return listedCompanyB.view_announce();
   }
}
```

（b）

图4-10　股票关联类模型对应的Java程序代码

```
import java.util.*;
//上市公司类
public class ListedCompany {
   //属性：公告
  private java.lang.StringBuffer announcement;
   //操作：查看公司公告
  public java.lang.StringBuffer view_announce() {
      return announcement;
   }
}
```

（c）

图 4-10　股票关联类模型对应的 Java 程序代码（续）

以上举的例子是有向关联。如果模型中关联类关系是无向的，则关联类对象仅仅在概念上反映这种关系存在与否，而不表示它们之间的访问关系。

4.3.4　依赖关系及表示法

依赖关系（Dependency）表示两个或两个以上模型元素之间存在静态结构上的依赖关系，即某一方的变化将影响另一方。例如，某个类被设计为访问某个包（package）中的某些模型元素，那么这个类就依赖于这个包，因为如果这个包被删除或包中的模型元素发生了改变，就可能导致这个类的设计错误。依赖关系在图形表示上采用有箭头虚线，箭头从依赖方指向被依赖方。

依赖关系通常出现在类图、复合结构图、组件图、对象图、用例图、部署图等静态模型图中。模型元素不仅可以是类，还可以是包、组件（Component）、接口（Interface）、部件（Part）、对象（Object）、端口（Port）、用例（Usecase）等。

模型示例：图 4-9 中的股票关联类模型采用了 Java 语言的数据类型定义“股民”类（Investor）、“股票”类（Stock）和“上市公司”类（Listed Company）的属性与操作。这点从图 4-10 所示的程序中我们也可以看出。程序中首先声明引用 Java Util 包，后者包括了 Java 语言的所有数据类型。因此，作为完整的设计，应该用图 4-11 指出这种模型元素的依赖关系。其中，图 4-9 所示的模型被封装在“股票关联类模型”包中，这样人们只需指明两个包的依赖关系，而不必一一说明其中的每个类与 Java Util 包的依赖关系。

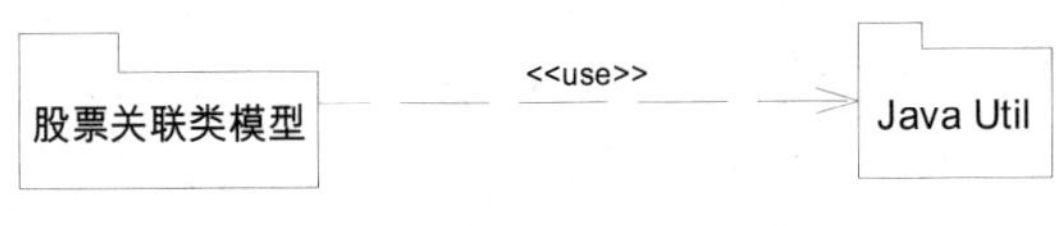

图 4-11　依赖关系模型示例

依赖关系可能表达的语义很多，但它究竟是何种具体的依赖关系，需要通过扩展 UML 构造型进行详细说明。表 4-2 给出了一些常见的程序设计上的依赖关系语义，每种依赖关系都可以通过一段程序详细定义其语义。从广义上说，任何一种静态结构关系（包括本节讨论的关联、聚合、实现以及下节将讨论的泛化等）都属于依赖关系的特例。因为，两个模型元素只要构成了一定关系，则它们就必定存在依赖关系。

表 4-2　程序设计上的依赖关系语义及其构造型

依赖关系	语　义	构　造　型
访问	允许一个包访问另一个包的内容	access
绑定	为模板参数指定值，以生成一个新的模型元素	bind
调用	声明一个类调用其他类的操作方法	call
派生	声明一个实例可以从另一个实例导出	derive
友员	允许一个元素访问另一个元素，不管被访问的元素是否具有可见性	friend
输入	允许一个包访问另一个包的内容，并为被访问包的组成部分增加别名	import
实例化	关于一个类的方法创建了另一个类的实例的声明	instantiate
参数	一个操作和它的参数之间的关系	parameter
实现	说明和对这个说明的具体实现之间的映射关系	realize
精化	声明具有两个不同语义层次上的元素之间的映射	refine
发送	信号发送者和信号接收者之间的关系	send
跟踪	声明不同模型中的元素之间存在一些连接，但不如映射精确	trace
使用	声明使用一个模型元素需要用到已存在的另一个模型元素，这样才能正确实现使用者的功能（包括了调用、实例化、参数、发送）	use

4.3.5　其他关系及表示法

在 UML 结构建模中，除以上关系外，还常使用一些特殊含义的关系，现简要介绍如下。

1. 实现关系

实现关系指接口类与类或组件之间的实现关系。接口类在软件开发中是一种虚类，用于说明不同组件之间的接口设计，接口由类或组件来实现。实现关系通常出现在类图、复合结构图和组件图中。它在图形上表示为三角形有向虚线，箭头从实现方指向被实现方。

模型示例：图 4-12 模型表示“Excel 图表”和“PowerPoint 幻灯片”，这两个类是“OLE 对象”类的具体实现。其中，“OLE 对象”是一个接口类，用于说明在 Word 应用程序中可以打开多个不同类型 OLE 对象的操作，对象类型可以是 Excel 图表或 PowerPoint 幻灯片。在软件运行时，OLE 对象的 open 操作将被“Excel 图表”或“PowerPoint 幻灯片”的 open 操作重载，从而通过微软操作系统的对象链接机制（OLE）打开相应的 Excel 图表或 PowerPoint 幻灯片。

2．需要链接关系

需要链接关系指明了某个类、组件或它们的端口与某个接口之间的程序链接关系，即该类、组件或接口需要访问或调用某个接口来实现相应的功能。它通常出现在类图、复合结构图和组件图中，在图形上表示为半弧形有向线，箭头从类、组件或端口指向接口。

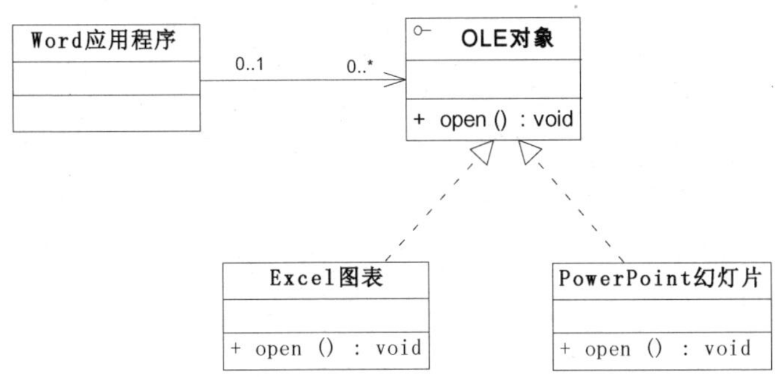

图 4-12　实现关系模型示例

模型示例：图 4-13 模型表示“订单处理”程序通过“订单录入”接口接收订单，通过“SQL 连接”接口将订单保存在数据库中。其中，“电子商务应用”和“订单处理”是复合结构图中的两个类，它们边框上的小方块图形表示与外部打交道的端口（Port）。

3．内部链接关系

内部链接关系指某个类或接口属于复合结构类或接口，在其内部定义了一个或多个类或接口。它通常出现在类图中，在图形上表示为带十字的圆形有向线，箭头从类或接口指向复合类或复合接口。

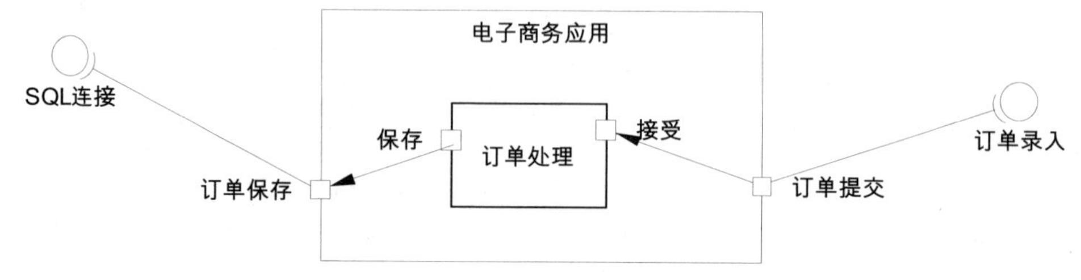

图 4-13　需要链接关系模型示例

模型示例：图 4-14 模型表示“订单录入”接口程序中包含了“订单明细录入”“收货人信息录入”和“提交按钮”三个类。

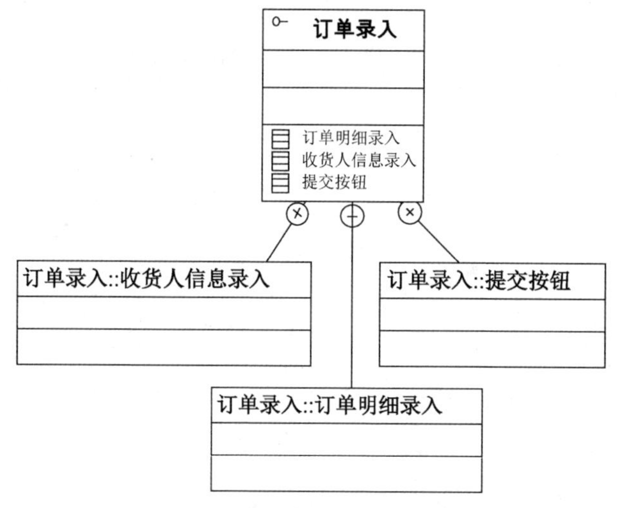

图 4-14　内部链接关系模型示例

4.4　对象概念的泛化与继承

泛化和继承是面向对象中的一对十分重要的概念，它们为软件分析和设计提供了分层、复用等重要机制，在建模中灵活运用泛化与继承可使需求概念更加清晰，软件设计更加合理。

4.4.1 泛化的概念及应用

泛化（Generalization）是指对一组相近事物提取其共同特征，形成一个能够描述事物共性的抽象概念，从而得到在概念上分层的事物描述。抽象概念所描述的事物称为父类事物，具体概念所描述的事物称为子类事物，父类就是子类的泛化（或抽象）。例如，对在校的本科生、硕士生和博士生的学籍管理虽然有所不同，但他们都必须注册一个学号，缴纳一定的学费，完成相应的学位课程等，因此可用一个新概念“在校生”对其进行抽象描述，以便统一管理。例如，李斌既是“硕士生”类的一个实例，也是“在校生”类的一个实例，“在校生”类与“硕士生”类的泛化关系在实例中不体现。

泛化可说是一种关系，但它与前面介绍的对象关系有所不同。对象的关联、依赖等关系都属于实体对象之间的关系，这种关系可被实例化，存在于实例之间。而泛化仅仅是对同类对象在不同抽象概念层次上的不同描述，不存在于实例之间。例如，导师可以指导学生论文，这种“指导”关系存在于实例之间，如张教授指导李斌的硕士论文。

泛化通常出现在类图、复合结构图、组件图和用例图中，在图形上表示为空心三角有向线，从子类指向父类，它既可出现在类元素（如类、接口、参与者等）之间，也可以出现在组件、用例、包等其他建模元素之间。

泛化为需求分析、软件体系结构设计和代码重用提供了必要的机制。在需求泛化分析中，可对不同抽象层次的概念建立泛化关系，形成层次化的概念模型。前面列举的例子就是这种情况。在软件结构设计中，可将对象的共性部分进行抽象，形成可复用类，建立软件复用的层次化结构模型。例如，在作图软件设计中，可将三角形、圆形、椭圆形、矩形、多边形等图形的共性部分进行抽象，形成一个公共类“封闭图形”，这样就可设计一个统一的“区域着色”“线条着色”“改变线条类型”等方法，为所有图形对象所共用，如图 4-15 所示。这种类的层次结构也为多态设计奠定了基础。

在程序设计中，泛化还可用于描述实现类和接口类之间的关系，表示一个接口类有多种实现机制。4.3.5 节中介绍的实现关系是 Java 程序设计中的一种特有机制，并不是所有程序设计语言都支持。如果采用的程序设计语言不支持该机制，同样可采用泛化来描述接口类与实现类的关系，如图 4-16 所示。模型中的父类“OLE 对象”是一个抽象类（Abstract），表示该类的操作 open()是抽象操作，只有调用接口而没有实际方法，在实际运行时它将被某个子类（EXCEL 对象类或 PPT 对象类）的同名操作所重载。

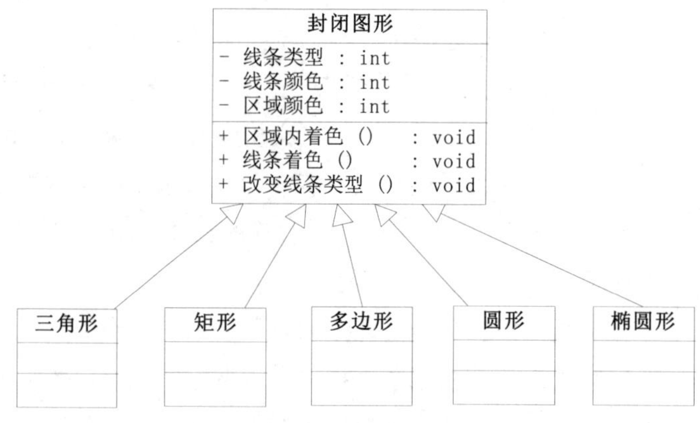

图 4-15　可复用的类模型示例

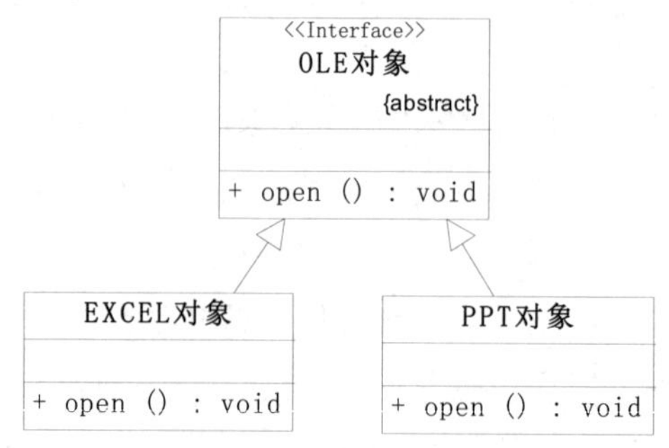

图 4-16　接口-实现的模型示例

4.4.2　继承的概念及应用

继承（Inheritance）是抽象的“孪生”概念，其语义与泛化是等价的，可以理解为对象的具体化。继承机制是所有面向对象程序设计语言必须具备的一个机制。继承这个概念来源于生活中的相同概念，如儿子长得像父亲，他继承了父亲的外貌。但与生活中继承概念不同的是，对象的继承是 100%的继承，即子对象继承父对象的所有特征。因此，在面向对象建模的时候，父对象具有的任何属性和操作在子对象中都不需要描述，而如果重新描述则就有了另一层含义，即重载。

继承具备传导性，即子类将继承父类、祖父类和曾祖父类的所有特性（属性、操作和关系），它的特征是它的所有祖先类特征的联合。如果同一个类出现在多条继承路径上，那么它的每一个子孙类中只有它的一个拷贝。如果同样特性被两个类声明，而这两个类不是从同一祖先那里继承来的（即独立声明），那么声明会发生冲突并且模型形式错误。

由于对象之间的关联关系属于对象的特殊属性，因此父类与其他类的关联也可以被其子类继承。对图 4-5 导师与学生关联关系模型进行扩展，得到图 4-17 所示的模型。该模型表示的含义是，导师分为博导和硕导，他们都可以指导硕士或博士研究生。当然，这个模型也反映了与事实不相符的现象，即硕导也可以指导博士研究生。如果想避免这种不准确的描述，就不能将关系放在“导师”和“研究生”这两个父类之间，而放在其子类之间。

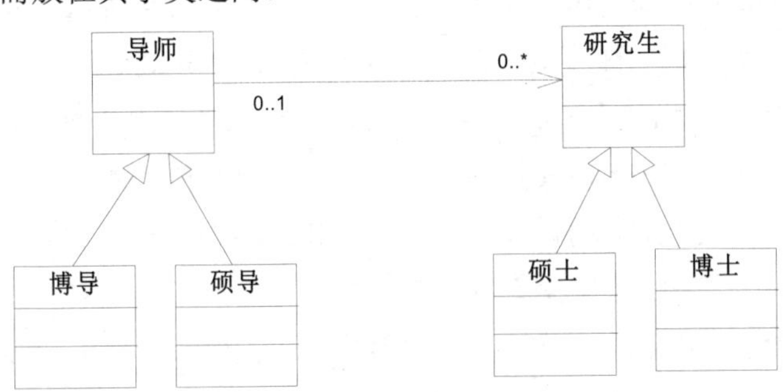

图 4-17　关系继承的模型示例

在继承机制中需要注意，子类中是否能够使用（访问）父类的属性或操作，取决于它们在父类中声明的可见性（详见表 4-1）。如果在父类中被声明为“私有”（Private），则它们在子类中是不可见的，因此就不能被子类继承或使用。

继承在面向对象程序设计中应用十分广泛。上一节提到的程序复用就是继承的一个主要应用。通过泛化和继承，不仅可以设计开发结构简洁、复用性好的软件，而且也使得软件变得更容易维护，因为对于复用性强的软件结构，当需求变化时只需修改个别地方而不是修改许多地方。

继承机制的另一个重要应用就是实现多态接口，这将使软件在结构上灵活性更好，可复用性更强。其实，单纯为重用代码而采用继承的理由已经越来越薄弱，因为

“有效组合”可以很好地取代继承而扩展现有代码的功能，至少可以防止“类爆炸”现象。因此，继承的存在很大程度上是作为“多态”的基础而非扩展现有代码的方式。

4.4.3 对象的多态性及应用

程序设计时常遇到这样一个问题：程序在运行期间完成同一个功能时，需要根据不同的情况（如数据类型的不同、外部设备接口的差异等）调用不同的方法或过程。程序员总会这样想，能不能编写一个可复用的通用接口解决差异问题，使程序仍然可以复用共同的处理逻辑。如果程序设计语言不支持多态过程接口，则你就必须采用一个 case 语句结构处理因类型不同而造成逻辑变化的程序部分。然而，这样很不利于维护，尤其是类型变化越多，其不同的处理越多，程序的结构越复杂。面向对象的方法很好地解决了这个问题，用的就是一个新概念——多态。

多态（Polymorphism）这个词在一般的英汉字典中的含义是“多形性、多态现象”。在英文中 Poly 是一种前缀，含义为“多”； morph 是一个词干，意思是“形态”。在面向对象程序设计中，多态是指不同类的对象接收相同的消息（方法调用），但有不一样的响应动作。多态使得消息发送者能给一组具有公共接口的对象发送相同的消息，接收者根据运行时的实际需要执行相应的操作。

多态这个概念早在结构化程序设计语言中就可以见到一点“身影”。有些语言允许一个过程或函数描述多个接口，这些接口可以是形参类型不同（或者参数个数不同，或者参数个数和形参类型两者都不同），语言编译器可以根据传入的参数自动识别应该进入哪个程序段。例如，图 4-18 中的 C 语言程序段可在一定程度上实现多态。

```
function Add (a,b:integer) : integer
{return a+b};
function Add (a,b:string) : string
{return ToString (Add (ToNumber (a) ,ToNumber (b) ) ) };
```

图 4-18 C 语言多态程序示例

这个函数可以针对不同类型的数据处理两个数的加法运算。传入的参数可以是整数，也可以是数字字符串。如果传入参数是整型数则返回的也是整型数，如果传入的是字符串则返回仍然是字符串。其中，ToString 和 ToNumber 分别是将整数转换成字符串或字符串转换成整数。在第二个接口中，仅仅进行了类型转换，真正运算还是在第一个接口函数中做。这样，程序的运算逻辑处理只有一个，即复用了一个处理逻辑。

这种多接口过程（函数）机制称为重载。它或多或少地解决了一些程序设计问题，但仅局限于编码。对于这两个函数的调用，在编译期间就已经确定了，是静态的。因此，从严格意义上讲这不属于多态概念。

真正的多态应该是在程序运行时才绑定多态接口，实现程序的动态链接。多态是一种软件结构设计方式，其目的是实现接口重用。接口是企业应用中最有价值的资源，设计接口需要耗费大量的人年，因此接口重用在软件工程中最具有价值。

图 4-19 给出一个打印处理应用的多态结构模型。该模型中，WORD 文件管理程序通过一个抽象类“打印机”实现多态接口。在程序运行时，WORD 文件管理程序可以根据用户对打印机的配置，选择实例化“激光打印机”对象或“喷墨打印机”对象，让其 print()方法重载“打印机”类的 print()抽象方法，从而与具体的打印机处理方法动态绑定。

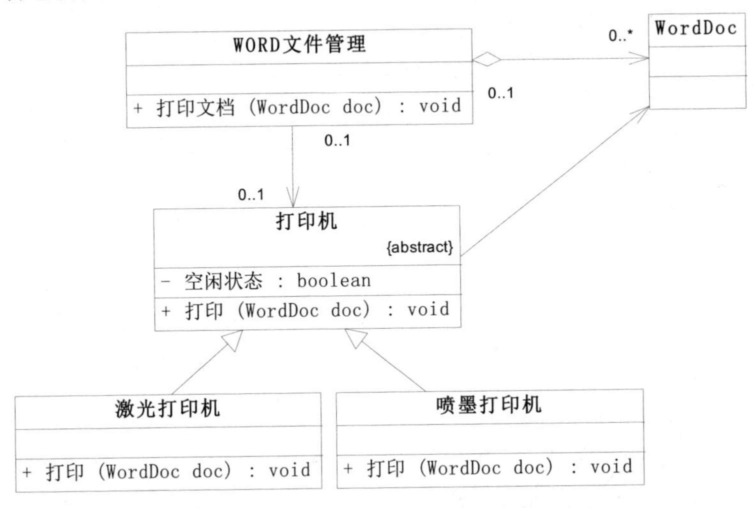

图 4-19　打印处理应用的多态结构模型示例

该模型对应的 Java 语言代码实现如图 4-20 所示。其中，图 4-20（a）给出了“WORD 文件管理”类的程序片段，当处理到语句“printer.print(wordDoc[i])”时会与具体某个打印机动态链接。图 4-20（b）～（d）分别给出了“打印机”“激光打印机”和“喷墨打印机”类的程序片段。

```
import java.util.*;
//定义“WORD 文件管理”类
public class DocManagement {
    //定义与打印机对象的关系
    public Printer printer;
    //定义与 WORD 文档对象的关系
    public WordDoc[] wordDoc;
    //定义文档打印处理方法
    public void print_a_doc() {
    ......
    //打印第 i 个 Word 文档
    printer.print(wordDoc[i]);
    ......
   }
}
```

（a）

```
import java.util.*;
//定义抽象打印机类
public abstract class Printer {
    //定义打印机空闲状态
    private boolean is_busy;
    //定义与 Word 文档对象的连接指针
    protected WordDoc wordDoc;
    //定义抽象打印方法
    public abstract void print(WordDoc doc);
}
```

（b）

```
import java.util.*;
//定义激光打印机类
public class LaserPrinter extends Printer {
    //定义激光打印机具体的打印处理方法
    public void print(WordDoc doc) {
        // TODO: implement
    }
}
```

（c）

```
import java.util.*;
//定义喷墨打印机类
public class InkJetPrinter extends Printer {
    //定义喷墨打印机具体的处理方法
    public void print(WordDoc doc) {
        // TODO: implement
    }
}
```

（d）

图 4-20　“打印机”多态对象的 Java 程序

4.5　理解概念模型

UML 不仅是软件分析和设计工具，也为软件开发研讨交流提供了一个知识共享平台。在大型软件开发中程序员经常要理解别人建立的概念模型，程序员只有正确理解概念模型才能开发出符合系统需求的软件。本节通过一个常见的电子商务系统模型示例，说明如何看懂概念模型所表达的含义。

4.5.1　理解的概念

一个概念模型既可表达系统需求（这时称为系统分析模型），也可表达软件结构概念（这时称为软件设计模型）。面向对象建模的目标就是，将需求映射到软件。因此，理解概念模型的主要目的有两点：一是理解现实世界中的业务需求，将现实生活中的概念对应到系统需求中；二是理解软件世界中的系统需求，将软件需求映射为软件结构设计。通常，分析模型用中文，设计模型用英文。分析模型通常是根据软件需求规格说明书建立的。因此，如果用自然语言解释模型，得到的结果应该与需求规格说明书一致。

【例 4-1】 图 4-21 给出了一个电子商务订货概念模型的片段。该模型是类图模型，反映了电子商务系统中的几个核心概念，即客户、订货人、供货人、收货人、订单、配送订单、订单项、商品、商品目录。通过这些与现实生活中相对应的概念，人们可以初步了解系统的需求范畴。本例中，人们看到这些名词就会立刻联想到订货管理软件需求。

在理解概念模型时，需要运用 4.4 节所学知识理解其抽象层次结构。本模型中，“客户”就是“订货人”和“供货人”这两个概念的泛化或抽象，“客户”类中的所有属性和操作都被“订货人”类和“供货人”类所继承。“订货人”和“供货人”的唯一区别在于前者有“生日”属性，而后者有“商铺信息”属性。

这种结构在业务分析和软件分析中都有一定的意义。从电子商务业务角度看，订货人和供货人分属于业务中的上下游客户，对两者的相关信息管理十分类似，包括对基本信息（如客户名称、地址、电话等）、用户登录信息（如用户名和用户密码）以及客户评价信息（如评价信息和客户级别等）的管理。从软件设计角度看，抽象出“客户”类，不仅有利于软件复用，而且可以形成多态结构（如，“评级”操作），增强软件的可维护性和扩展性。

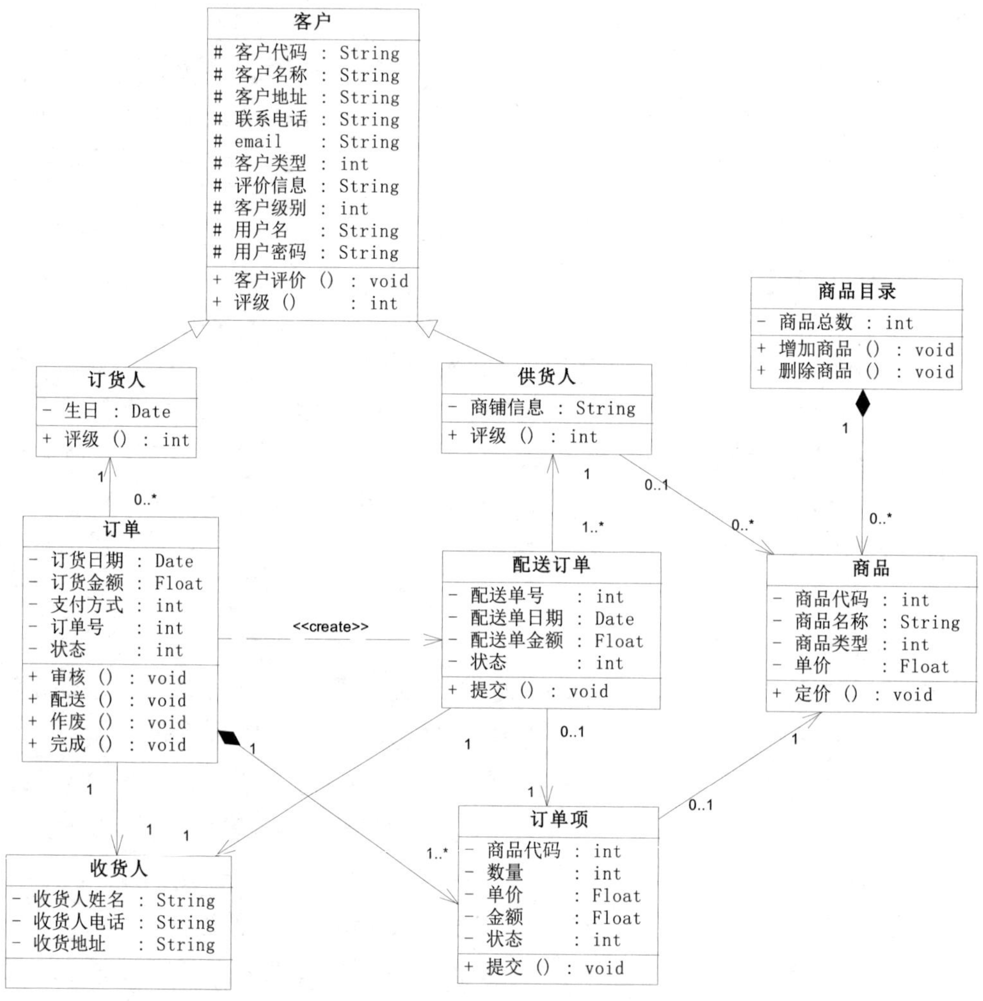

图 4-21 电子商务系统概念模型示例

在理解模型时需要注意，生活中的概念与系统需求中的同名概念有一定差异。前者是人类活动中的概念，它作用于业务过程；后者是经过软件工程师设计加工后的概念，它作用于软件过程。概念模型反映的是软件需求中的概念。例如，对于“客户”的概念，客户代码、客户名称、客户级别等信息来源于现实生活，对应于业务过程；而用户名、用户密码等信息是为应用软件设计的，对应于软件过程。

此外，现实生活中的概念与软件需求中的概念也不是一一对应的。例如，在现实生活中客户所看到的订单包含了订单号、订货日期、订货金额、支付方式、商品名称、数量、价格等许多信息，而在本模型中却将其分散在“订单”“订单项”和“商品”这三个对象中。这说明此概念反映了软件设计，即从软件过程来看这三个对象共同完成了订单相关的功能。

4.5.2　理解的关系

人们在理解概念的同时需要理解它们之间的关系。因为，概念往往不是孤立存在的，一旦概念之间存在关系，那么理解关系将成为完整理解概念的不可分割部分。模型中的所有关系都不是随意画上去的，而是表达它们之间的某种联系或者约束。通常，人们以 4.3 节介绍的 UML 模型关系语义（如一般关联、聚合、依赖等）为重要线索理解概念之间的关系。

首先，理解一般关系。一般关系的含义需要通过关系线上的标签来理解，如果没有标签则需通过连接线两端的概念和线的方向来理解。本例中，“配送订单”是电子商务中的一个核心概念，有多个概念与之相关，包括“订单”“订单项”“供货人”和“收货人”。它是一个与“订单”概念相近但作用不同的概念。订单一般指电子商务公司与订货人的订货合约，而配送订单指电子商务公司与供货人的订货合约。电子商务业务就是将订货人的订单转成供货人的配送订单，由供货人履行订货合约。因此，“配送订单”与“订单”“订单项”“供货人”和“收货人”等概念相关联。从软件意义上看，“配送订单”与“订单项”“供货人”和“收货人”三个类之间都有一个有向线，表明“配送订单”类将访问这三个类，实现其预期操作。

其次，理解关系基数。关系基数精确表达了关系的数量，对正确理解概念模型起关键作用。在“订单”与“订货人”的关系中，“订单”方是 0 个或多个，这说明一个订货人可能有多个订单，也可能一个都没有；而“订货人”方是 1，这表明任何一个订单必须对应唯一的订货人。例如，“商品”与“订单项”的关系基数表明，每个订单项必须对应一个商品，而每个商品可以被订货，也可以无订货。

再次，理解聚合关系。聚合关系是有明确语义的关系，表明一个概念中包含一个或多个其他概念。“订单项”与“订单”之间的聚合关系表明每个订单中包含 1 个或多个订单项；因此，在理解订单概念时必须将订单项作为订单所包含的某一项内容来理解。此外，“订单”还与“订货人”和“收货人”相关联，说明一个完整的订单中除了包含订单本身的信息，还涉及客户和收货人等相关信息。从软件设计意义上看，聚合关系表明了对象之间的组成关系，即一个对象包含一个（或一些）其他对象。这种结构通常表明，其他对象不能直接访问组件对象，必须通过复合对象访问。在实例化复合对象前，人们需要先实例化那些组件对象。如果是强聚合（采用实心菱形箭头表示），则在销毁复合对象前必须先销毁组件对象，否则这些组件对象就可能变成没用但耗费内存的“死对象”。

最后，理解依赖关系。通常人们需要通过关系线上的标签来理解，如果有构造型则依赖关系会有特定的语义。“订单”又与“配送订单”存在依赖关系，构造型“create”表达了特定的语义，即配送订单来源于订单，或者在软件过程中理解为“订单”对象创建“配送订单”对象。

4.5.3 理解的细节内容

在初步理解了对象的概念及其关系的基础上，将分析聚焦在对象的细节内容。对象的属性表达对象可能包含的信息，操作表达对象可能完成的功能。只有理解这些细节，人们才能把握完整的对象概念。

首先进行属性分析，其目的是了解对象包含什么样的信息。属性名称是理解对象信息的基本线索。对于领域模型（在需求分析阶段建立的模型），属性的类型并不重要，主要是通过对象包含的信息理解概念内涵；但对象软件设计模型，属性的类型则是必不可少的，因为设计阶段主要是通过对象包含的数据类型理解软件和数据结构。比如，“订单”对象中的“支付方式”采用整型，则银行卡结算方式可采用 1 表示，现金结算可采用 2 表示，其他结算方式采用 3 表示，0 表示尚未定义。

其次进行操作分析，其目的是了解对象的功能。同理，操作名称是理解对象功能的基本线索。对于领域模型来说，操作分析主要是理解操作含义，从而进一步理解对象概念。例如，“商品”对象拥有“定价”操作，这说明商品的单价是由“商品”对象的“定价”决定的。对于软件模型来说，操作分析主要是理解对象功能及其接口，从而为软件实现奠定基础。例如，“客户”的“评级”操作输入参数为空，返回参数类型是整型，这意味着该操作将评级结果返回，且客户级别为整型。“客户”的子类“订货人”和“供货人”都有该操作，这说明该操作是一个多态方法，“客户”的“评级”为虚操作，其子类的同名操作才是实操作。

最后进行关系分析，其目的是让人们了解系统的整体结构。通常，关系名称为理解对象之间的相互联系提供基本线索。对于领域模型来说，通过理解对象相互联系和关系基数可以建立系统的完整概念。比如，订单是由一个或多个订单项组成的，每个订单项中只包含一种商品，等等。对于软件模型来说，有向关系通常表明访问，即一个对象在运行中将访问另一个对象的某个操作。因此，在编程时应注意先实例化提供服务的对象，再实例化请求服务的对象。再次强调，如果存在强聚合关系，则在销毁整体对象之前必须先销毁组件对象。

4.6　建立概念模型

在需求分析中，分析员通过业务领域对象概念建模分析和描述业务需求，建立领域模型；在软件设计中，架构师通过软件对象概念建模分析对象关系，描述软件结构。因此，概念模型是领域分析的基本手段，也是软件设计的最终成果。

4.6.1　识别对象及其关系

概念建模的第一步，也是最关键的一步，就是从业务领域需求中找出分析对象（领域分析），或从系统软件需求中找出软件对象（软件设计），用 UML 类来描述这些对象以及对象之间的关系，进行领域分析或软件设计。

以下是本书为初学者提供的、识别对象的基本原则。

（1）将领域中的有形实体（如人、物、组织等）或无形实体（事物、抽象概念、信息）识别为对象，将其抽象为概念，描述为 UML 类。在需求规格说明书中，这些实体通常是出现在某句话的主语或宾语中的名词或名词短语。例如，在“张三在网上买了一件毛衣”这句话中，其中涉及电子商务中“客户”和“商品”两个概念。

（2）留心名词前面的修饰，因为添加不同的修饰可能改变概念的含义。例如，将上述语句改为“张三在网上买了一件旧毛衣”，则“旧毛衣”对应为“二手商品”概念。

（3）剔除含义相同的名词或名词短语。

（4）注意区分对象属性和对象概念，通常对象中的细节信息不是对象概念，而是对象的属性。

（5）对系统外部对象进行建模。所谓的外部对象指系统之外的、且与系统直接交互的软硬件设备、接口等。系统的用户也属于外部对象，但通常不反映在类图中，而在用例图中对其建模。

（6）一般情况下，被建模的系统本身不是对象。

本节围绕电子商务的例子，介绍如何建立对象概念模型。

【例 4-2】 以下给出一段用户描述的电子商务应用需求，从中寻找可能的对象。

系统支持客户登录验证。客户输入用户名和密码，系统进行验证。如果验证通过则系统显示购物主页面（订货客户）或订单处理页面（供应商），如果验证失败则让用户再次尝试。三次验证失败后，系统关闭登录页面。如果用户忘记密码，可以点击相应按钮，系统自动向客户登记的手机发送验证码，并提示输入验证码。当客户输入验证码，经系统验证通过后，系统显示密码修改页面。客户输入新密码（二次）后，按下确定按钮，完成密码设置。之后，系统重新显示登录页面。

系统支持按品牌、按供应商、按价格区间等方式查询所需商品，并可按价格对显示结果进行排序。客户登录后默认进入按品牌搜索页面。页面上半区显示查询条件和方式，下半区显示查询结果。例如，在按品牌搜索页面中，上半区显示一个查询框，客户可以输入任意商品名称。当客户按下确定按钮后，系统在上半区显示该商品的所有品牌，如果一页显示不完则客户可单击显示下一页，或单击显示某一页。当客户单击某个品牌后，系统则在下半区以列表形式显示所有供应商的该种商品，页面包括价格、规格、供应商、已销售数量等信息，这时客户可单击价格排序按钮对显示列表进行升降序排序。如果一页显示不完，则可单击显示下一页，或直接单击显示某一页。当客户单击某行，则系统弹出商品页面，显示该商品的细节信息，如产地、材料、样品图片等。此时，客户可以将其加入购物篮，输入购买数量。其他方式以此类推。

系统支持按银行卡（在线支付）和现金（货到付款）方式结算。当客户单击订货主页面上半区中的订货按钮后，系统进入订单页面，要求输入收货人信息，包括送货地址和收货人姓名、电话、通信地址等。当完成输入后系统会自动生成一个订单，包括订货商品规格、数量、价格、金额等信息，以及订货人信息和收货人信息。

当客户确认后，系统转入支付页面。客户可以选择现金结算或银行卡结算。当客户选择现金结算，则系统自动检查客户的信用额度，如果满足要求则显示“订单生效”，否则就要求客户选择银行卡结算。当客户选择银行卡结算，则系统进入银行支付页面。客户可以选择某家银行，然后系统进入该银行支付页面。当客户在银行支付页面按照要求完成支付后，返回订单页面，显示“订单生效”。

系统支持配送订单处理。供应商登录电子商务系统，进入订单处理页面。此时，系统以列表形式显示该供应商所有未处理的订单信息，包括商品名称、规格、数量、支付金额和送货地区等信息，如果一页显示不完则供应商可单击显示下一页，或直接单击显示某一页。供应商单击某条订单，则显示完整的订单信息，包括订单明细、订货人和收货人等具体信息。供应商单击处理订单按钮，则系统提示输入发货时间、地点、运输公司等信息，当供应商输入完这些信息并按下确定按钮后，系统自动形成一个配送订单，并返回订单处理页面。

按照前面给出的识别对象基本原则，逐一检查每个名词，保留可能的对象名词，排除不可能的对象名词。例如，按照第 6 条排除“系统”；按照第 4 条，用户名、密码和验证码等是登录页面中的输入信息，因此被排除；同理，价格、规格、供应商、已销售数量等是商品的详细信息；其他以此类推。客户和供应商都是指系统的用户，根据第 5 条在类图中不对其建模。在需求描述中，出现了许多按钮，它们都属于某个或某些页面的内部对象，在领域模型中暂不将其识别为对象。

通过上述分析得出以下可能的对象名词清单：订货人、收货人、供应商、商品、订单、订单明细、配送订单、登录页面、密码修改页面、购物主页面、查询框、商品页面、订单页面、支付页面、订单处理页面、购物篮等。

根据这些对象名称清单，人们可以初步勾画一个类图，描述系统概念模型，如图 4-22 所示。在模型中，采用构造型可以精确表达模型元素的语义，如采用“用户界面”定义页面操作对象的类构造型，用关系构造型“转入”表示页面之间的跳转关系。无构造型的关系理解为“访问”关系，如“商品页面”对象将访问“商品”对象。关系基数必须定义准确，如不确定则可以先空着，待确定后再完善。例如，从登录页面跳转入密码修改页面，这种情况可能发生，也可能不发生，因此“密码修改页面”对象端的基数是 0 个或 1 个（0..1）。对于确定的聚合关系，可以在模型中表达出来，如“订单明细”与“订单”之间的关系，“购物主页面”

与“查询框”之间的关系；如果无法确定是否为聚合关系，则暂表示为一般关系。该模型仅仅是一个初步类图，允许关系线及其基数缺失，或表达不准确，但不允许对象类的缺失。

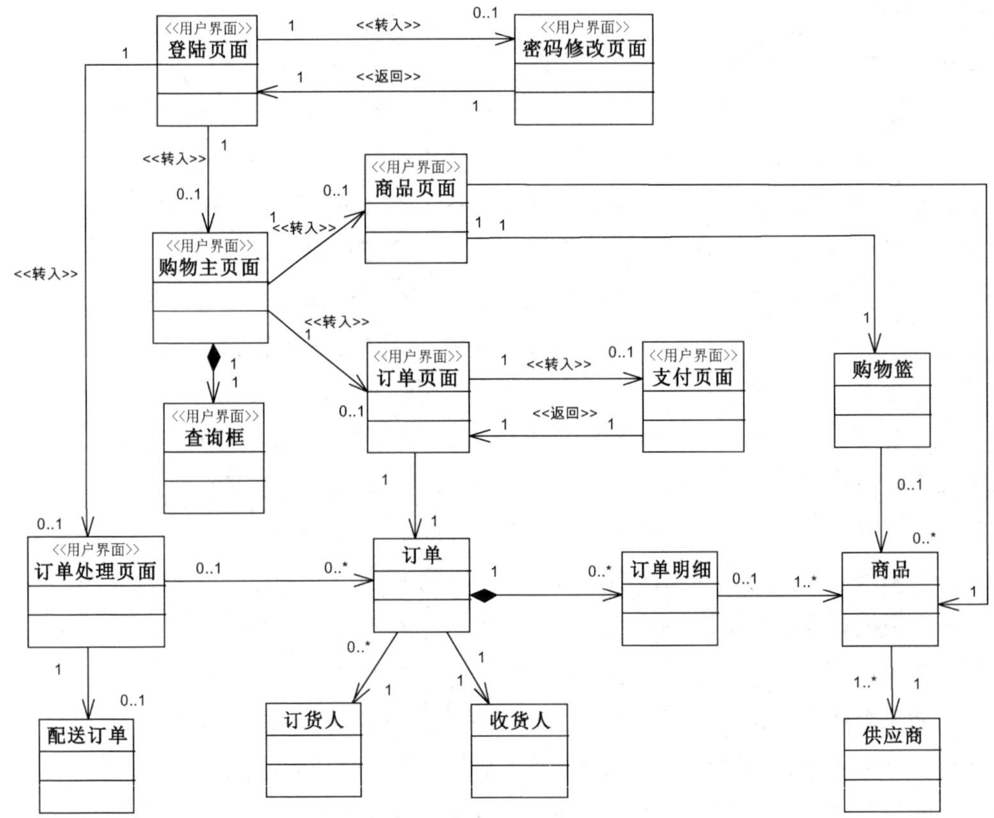

图 4-22　电子商务系统初步概念模型样例

4.6.2　识别对象属性

对象属性封装对象所拥有的信息。如果待开发的系统是管理信息系统（电子商务系统属于一种管理信息系统），这些信息通常可以从现实世界中常见的表格、单据、报表等获得。例如，图 4-23 给出了一个电子商务订单样例，从中人们可以直接得到“订单”和“订单明细”对象的信息以及“订货人”“收货人”“供应商”等对象的部分信息。

易购物商城电子订单

订单编号：201320113311　　　　订货日期：2013-11-10

订货人：李翔
收货人姓名：方敏（先生）
收货人地址：南京市玄武区××路×号×单元×××室，210014
收货人联系方式：×××-×××××××

订单明细

商品名称	规格	单价	数量	金额
2014精品挂历(马到成功)	26*10	15	2	¥30.00

订单金额：30.00元　　　　支付方式：银行卡结算

供应商：南京××××贸易有限公司
运输公司：江苏××快递有限公司
发货日期：2013-11-11

图 4-23　电子商务订单样例

以下是本书为初学者提供的识别对象属性的基本原则。

（1）通过业务表格、单据、报表等获得对象属性信息。

（2）分类考察对象，建立完整的分类模型，分析各类对象的共同属性和差异。比如，电子类商品中不同品种的商品属性差异就很大，需细分为计算机、照相摄像器材、电视机、手机等，其中计算机仍需细分为笔记本电脑、台式机、服务器等。当客户购买服务器时不仅关注其品牌、CPU 主频、内存等，更关注 CPU 核心数，因为其价格随 CPU 核心数量不同差异很大，所以 CPU 核心数必须作为该商品对象的一个属性。

（3）遵循“对象=数据+操作”的原则，即如果对象拥有某个操作，该操作所涉及的数据尽可能封装在该对象中。比如，“商品定价”操作封装在“商品”对象中，而该操作涉及市场报价和针对不同级别客户的优惠折扣两种信息，则可将“单价”（市场报价）封装为“商品”对象的属性。

（4）在软件建模中，如果某个属性是隐含一组关联数据，则建议将其单独封装成对象。上述例子中，客户优惠折扣隐含了一组关联数据，如果将其作为“商品”的属性，则对每个客户级别都有一个优惠折扣属性。为了减少编程错误、增强软件结构的健壮性，将“客户折扣”作为一个新对象，其拥有“客户级别”和“优惠折扣”两个属性，并将该类对象聚合到“商品”，这样“商品”类就可以很方便地取到针对不同级别客户的折扣。

（5）在软件建模中，如果某个属性的数据类型十分特别，无法用程序设计语言的数据类型直接定义，则通常设计一个新对象，封装相关信息和操作。比如，在“车辆”对象中拥有“车牌号”属性，但该属性值十分特别，如“苏 A　W××××”中的“苏 A”代表南京市上牌的车辆，后 5 位才是指定车辆的编号。为了全面表达车牌信息，可将“车牌号”独立为一个新对象，其拥有“地区编号”“车辆编号”和“车型编号”（车牌底色代表）三个属性。

继续例 4-2，完善图 4-22 中模型的属性。考察“订单”和“订单明细”两个对象，从图 4-23 中可知“订单”应包含“订单编号”“订货日期”“订单金额”“支付方式”等属性，“订单明细”应包含“商品名称”“规格”“数量”“单价”和“金额”这些属性。这些属性仅仅能够反映现实生活中订单的基本信息，但订单是否支付，是否已转入配送环节，商品是否最终送到收货人手里等信息没有表达出来，为此设一个“状态”属性，该属性表示订单流转的状态，通过“支付”“转配送”“完成”等操作改变订单的状态，该属性应封装到“订单”对象中。“配送订单”的属性以此类推。考察“商品”对象，应新增“客户折扣”对象，封装“客户级别”和“折扣率”两个属性。由此，完善了“订单”“订单明细”“配送订单”和“商品”四个对象的概念模型，如图 4-24 所示。

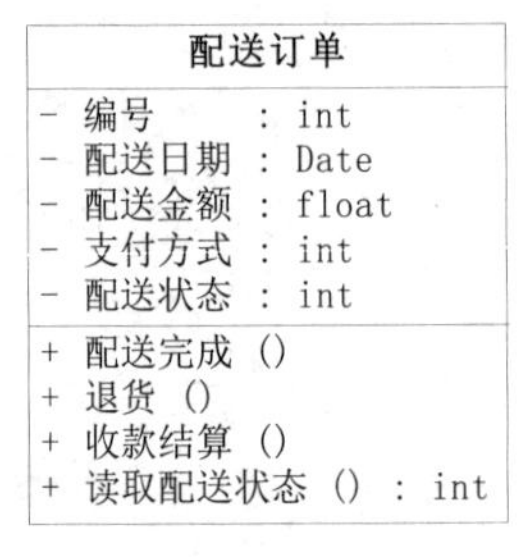

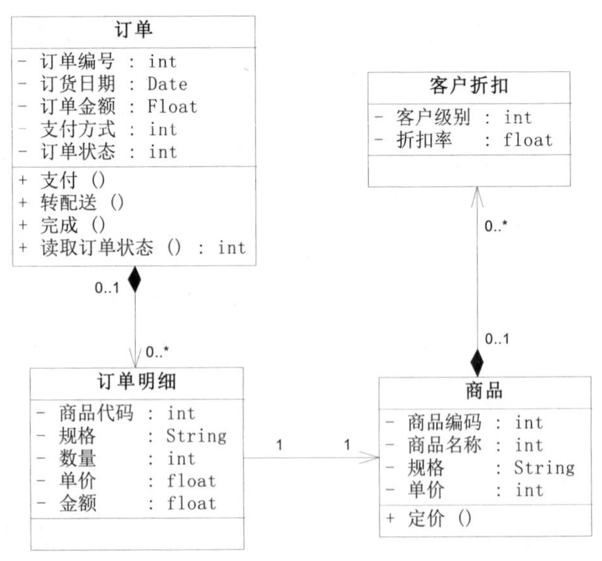

图 4-24　电子商务系统部分对象属性完善样例

4.6.3　识别对象操作

管理信息系统的需求来源于管理业务。每个业务都有一定的政策、操作规程和方法（统称业务规则）。管理信息系统的主要目的就是，通过软件将这些业务规则"固化"和自动化，辅助人们高效完成其业务。而对象的操作（或方法）是从软件操作角度描述这些固化的业务规则。

在程序设计中，事件驱动的概念对大多数程序员来说已经非常熟悉。对象操作还可以看作信息系统对外部事件的响应，即当这些事件发生时对象所采取的行动。在现实生活中，业务规则中包含了许多事件。例如，在餐馆服务业务中顾客点餐、买单都属于该业务的事件。这些事件都是按照一定的业务政策和过程发生及发展的。因此，进行对象操作建模的关键是认真分析这些业务规则，从中寻找系统的信息处理方法，即对象操作。

以下本书将结合电子商务系统领域分析，介绍通过事件描述识别对象操作的方法。表 4-3 给出了用户登录过程的事件流规范描述。该模板中，事件描述分主事件流和其他事件流。每个事件都有唯一编号和描述，A1.x 代表从编号 A1 事件扩展的其他事件流。事件流控制描述（如返回 A1）不是事件，因此没有编号。方括号内是对事件流的注释，尖括号内为事件流执行条件。

表 4-3　用户登录过程的事件流规范描述

用户登录过程描述	
事件编号	事件描述
[主事件流]	
A1	用户输入用户名和密码
A2	系统验证用户
<如果验证通过>	
A3	<如果是订货客户>显示购物主页面；<如果是供应商>显示订单处理页面
<如果验证失败>	
A4	系统判断是否第三次输入密码失败
<否>	
A5	返回 A1
<是>	
A6	系统关闭登录页面

续表

用户登录过程描述	
事件编号	事件描述
[其他事件流]	
A1.1	用户单击“忘记密码”按钮
A1.2	系统向客户登记的手机发送验证码
<验证码已发送>	
A1.3	系统提示输入验证码
A1.4	用户输入验证码
A1.5	系统验证输入的验证码是否正确
<是>	
A1.6	系统显示密码修改页面
A1.7	用户输入新密码
A1.8	用户按下“确定”按钮，系统设置新密码
A1.9	系统提示“密码设置成功”，并返回 A1
<否>	
A1.10	系统判断是否第三次输入验证码失败
<否>	
A1.11	返回 A1.4
<是>	
A1.12	返回 A6

表中的每个事件都可能被识别为一个和多个操作，关键要区分人工行为和系统行为，如果建模的对象是人则可将其行为识别为操作，否则只将系统行为识别为操作。本例中主要建模系统中的对象，由于用户输入用户名和密码（A1）、用户单击“忘记密码”按钮（A1.1）、用户输入新密码（A1.4）等是人工行为，系统不做处理，因此不识别为操作，但可将“用户名”“用户密码”等信息识别为“登录页面”对象的属性。“系统验证用户”（事件 A2）、“显示购物主页面”或“显示订单处理页面”（事件 A3）、“系统判断是否第三次输入密码失败”（事件 A4）、“系统关闭登录页面”（事件 A6）、“系统向客户登记的手机发送验证码”（事件 A1.2）、“系统显示密码修改页面”（事件 A1.6）等都是系统行为，应识别为操作。

在识别操作后，要分析将这些操作分配给哪个对象更为合适。判断时要遵循“对象=数据+操作”的原则，即如果某操作是关于某对象属性所包含的信息，则应尽可能将其分配给该对象。例如，“验证用户密码”操作涉及“用户名”和“用户密码”

等属性信息，因此应将其分配给“登陆页面”对象。其他操作以此类推，由此建立用户登录对象概念模型，如图 4-25 所示。

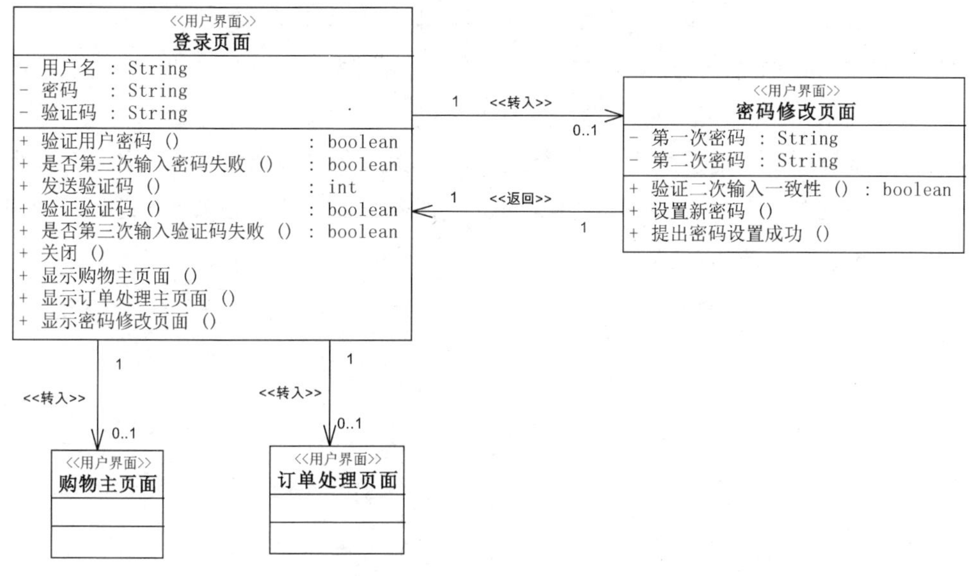

图 4-25　用户登录对象概念模型

除了采用事件流描述获取对象操作，还可以采用对象状态描述、活动描述和交互描述等方法，以获得更多的对象操作。这些内容将在第 5 章中介绍。

4.6.4　概念模型的精化

需求分析和软件设计是一个对现实世界和软件世界认识不断深化、分析设计逐步精化的过程。用户需求中描述的业务目标和业务规则对于软件开发人员来说总是存在很多抽象的概念，要让这些概念落实到软件中需要分析员对其进行拓展和深化。领域建模的目的之一就是深化这些业务概念，使之能够映射到软件设计中。软件建模则在此基础上进一步深化，从软件实现角度建立良好的软件架构。

本例中只描述了按品牌搜索的功能需求，实际上还有按供应商搜索和按价格区间搜索。此外，购物主页面在操作上分为上下半区，隐含了两种不同功能的页面，因此将“购物主页面”拆分为“商品搜索页面”和“商品显示页面”两个对象。“商品搜索页面”对象表示购物主页面上半区，它可泛化为“按品牌搜索页面”“按供应商索搜页面”和“按价格区间搜索页面”三个子类。“商品显示页面”对象表示查询结果显示，它通过“商品搜索页面”对象相应操作刷新下半区的显示结果。

根据以上分析，对“购物主页面”对象进行细化，建立概念模型，如图 4-26 所示。各页面对象包含不同的数据集。按照识别对象属性原则，应将其单独建模成对象。例如，“按品牌搜索页面”包含的“品牌数据集”，其中包含“品牌分类”属性。根据需求，商品搜索页面（购物主页面上半区）可分页显示，因此为该对象封装“向前翻页”和“向后翻页”等操作，同时封装该操作相关的属性，如“当前页号”和“页面显示数量”，用于计算某页面数据的查询条件。概念精化还经常使用面向目标的需求工程方法。

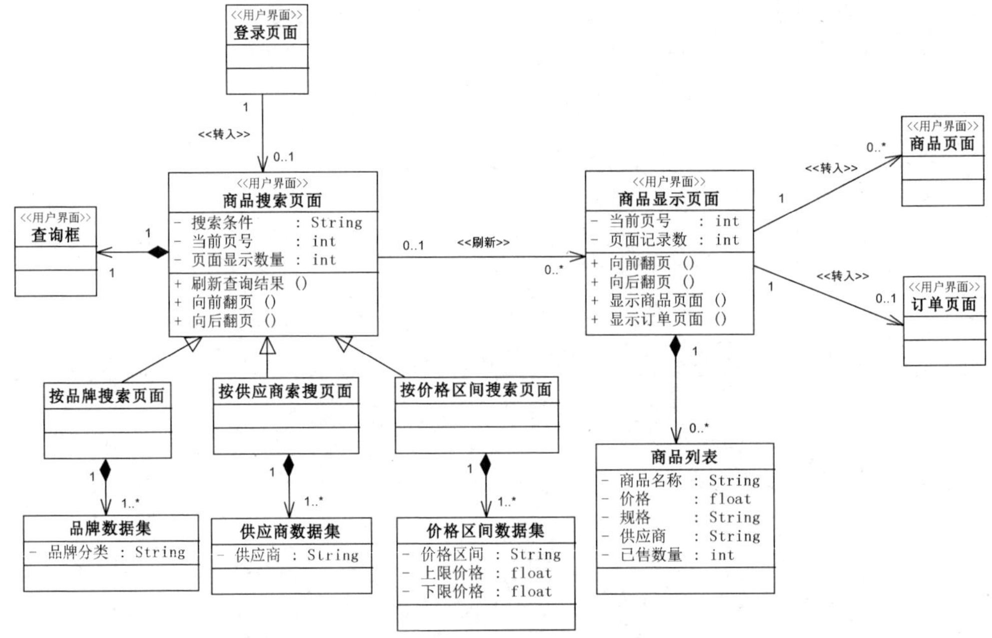

图 4-26 购物主页面对象概念模型

4.7 其他 UML 静态概念模型

UML 类图仅仅是表达软件系统及其环境中相关概念和静态结构的方法之一，除此之外还有包图、对象图、组件图、复合结构图、用例图等。本节将介绍前四种静态结构模型方法，用例图留在第 6 章讨论。

4.7.1　包图

UML 中包沿用了 Java 包的概念，用于描述功能组命名空间和组织层次，类似于操作系统中的文件夹。包图作为包结构的模型，可用来封装和组织其他图形的模型。

在面向对象软件建模视角中，类（或对象）是整个系统模型的基本构造块。但是对于大型应用而言，系统包含了成百上千个类，再加上错综复杂的关联关系、多态性，显然超出了人们可处理的复杂度。因此，人们引入了“包”这种分组事物构造块。

包在面向对象建模中起到以下作用：

（1）对类图中的模型元素进行分组；

（2）定义模型的语义边界；

（3）提供配置管理单元；

（4）在软件设计中提供并行工作单元；

（5）提供封装的命名空间，包内所有模型元素的名称必须是唯一的。

包的使用应遵守以下规则：

（1）每个包都应该由概念上相近或语义上相关的元素组成；

（2）包内的元素包括类、接口、组件、用例和其他包；

（3）包与其他 UML 构造块一样，也有可见性，即用“+”表示“public”，“-”表示“private”，“#”表示“protected”；

（4）每个包都可包含一个或多个公共元素，但这种元素应尽可少；

（5）包之间存在泛化、精化和依赖关系，可将系统的公共部分封装为抽象包，采用继承机制共享这些公共元素；

（6）如果包被删除，包内的所有元素都将被删除；

（7）在模型中使用默认的<<use>>构造型，在映射为程序时应考虑明确的<<import>>构造型。

举例：我们可以按照功能划分，将一个电子商务系统模型分为客户管理、订单管理和商品管理三种模型，将它们分别封装在不同的包中。其中，“客户管理”包中包含“客户”“订货人”“供货人”等类；“订单管理”包中包含“订单”“订单项”

“收货人”等类；“商品管理”包中包含“商品”“商品目录”等类。由于在建立订单管理模型时不仅用到本包中的“订单”“订单项”“收货人”等类，而且还用到了“订货人”和“商品”，因此“订单管理”包依赖于“客户管理”和“商品管理”包。图 4-27 中两个包之间的有向虚线表达了这种依赖关系。同理，在建立商品管理模型时要用到“供货人”类，因此“商品管理”依赖于“客户管理”。

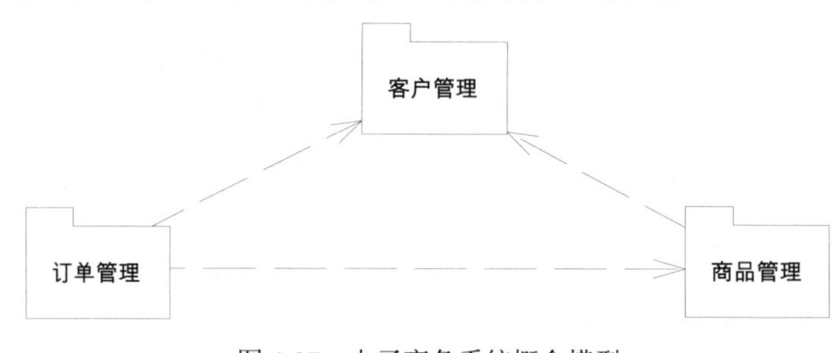

图 4-27　电子商务系统概念模型

4.7.2　对象图

对象图以快照方式描述系统处于运行态时对象实例及其相互链接（Link）关系。同一个类图可对应多个对象图，这些对象图可展现随着时间推移系统中对象状态变化的情况。相对抽象的类图而言，对象图表达系统特定状态下的具体信息，提供对应类图的结构示例，可作为对应类图的测试用例。

在 UML 中，采用实例规范（Instance Specification）描述对象实例，用槽（Slot）表达对象属性，用链接表达实例之间的关系。一个类可以产生多个实例，每个实例表示运行时对象的一个状态。在图形化表示中，实例与类一样，都采用矩形框架，其名称格式为<实例名>：<类名>，并采用下划线区别于类。一个属性对应一个实例槽，每个槽取特定的值。一个关联可产生一个或多个链接（取决于关联基数），每个链接表示系统在特定时刻对象之间的关系。

图 4-28 给出了图 4-21 中的一个订单对象实例模型。该模型说明，张三于 2020 年 6 月 5 日下了一个订单，购买 HUB 和充电宝这两个电子产品，总金额为 250 元。在描述对象实例时要注意，实例之间的链接必须符合类之间关联基数的约束。此外，对象实例名可以省略，表明分析中不关心其名称；实例槽只反映分析中关注的对象属性，而不必描述所有属性；每个槽必须赋予确定的值。

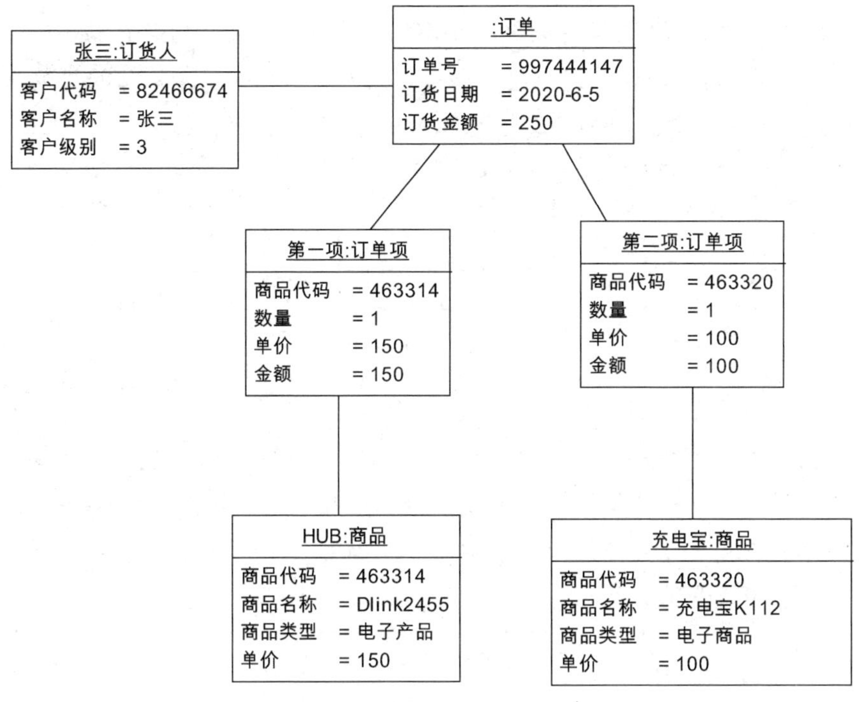

图 4-28　订单对象实例模型

4.7.3　组件图

组件图用于描述代码的物理结构，从粗粒度上反映系统的构成及组件之间的结构关系。组件被视为封装在一个系统或子系统中的独立操作实体，它可提供一个或多个对外接口。通常，在系统分析设计上将组件视作粗粒度的、可完整替换的设计单元。通过组件图，人们可以了解软件组件（如代码文件或动态链接库）在编译或运行时的依赖关系。

组件图在基于组件的开发中发挥了重要作用。架构师通过组件图描述解决方案的系统结构，通过组件来描述和验证系统的必要功能。系统开发小组将组件图视为重要的交流工具，通过组件图理解高层次的系统结构，建立系统实现路标，决定任务分配和需求迭代。工程实施组将组件视作可集成或部署的软件模块，通过组件图理解模块之间关系，决定系统部署方案。

组件图中组件的显示方式有三种：第一种是采用特殊的图形符号，如图 4-29（a）

所示，UML 1.0 采用这种方式；第二种是将组件特殊图形符号嵌入矩形中，如图 4-29（b）所示，UML 2.0 常采用该方式；第三种是将组件可看作为一种特殊的对象，通过 <<component>>构造型扩展类来定义组件，如图 4-29（c）所示。

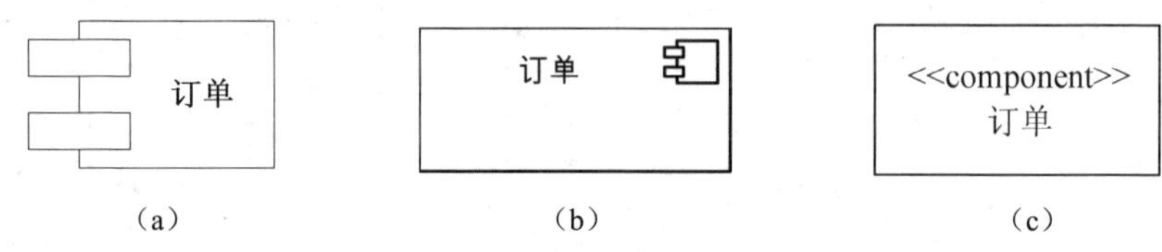

图 4-29　组件的图形化显示

组件模型主要表达组件及其关系。图 4-30 给出了“订单”组件示例。该组件封装了“订单”和“订单项”两个类。它对外有两个接口：一个是提供服务接口——“提交订单”，另一个是请求服务接口——“获取商品目录”。该图是用 PowerDesigner 制作的，有些图形显示并非是标准 UML。在标准 UML 模型图形中，用圆弧表示请求服务接口，用圆圈表示提供服务接口。

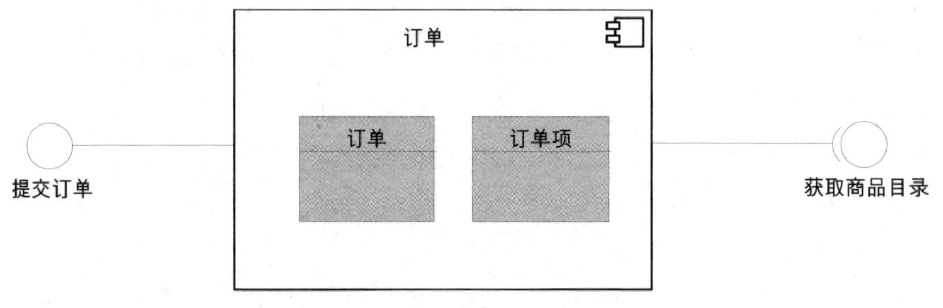

图 4-30　组件外部关系图形化表示

图 4-31 给出了一个客户订货分系统的组件模型。它将用户界面类封装成“客户订货界面”组件，将“客户”“订货人”和“供货人”类封装成“客户”组件，将“订单”“订单项”和“配送订单”类封装成“订单”组件，将“商品”“商品目录”和“商品库存”类封装成“商品库存”组件。组件之间通过服务接口相互关联。“客户订货界面”组件通过“获取订单人信息”接口与“客户”组件关联，获取“客户”提供的订货人信息；通过“获取商品目录”接口与“商品库存”组件关联，获得“商品库存”提供的商品目录；通过“提交订单”接口与“订单”组件关联，将订单提交后台处理。

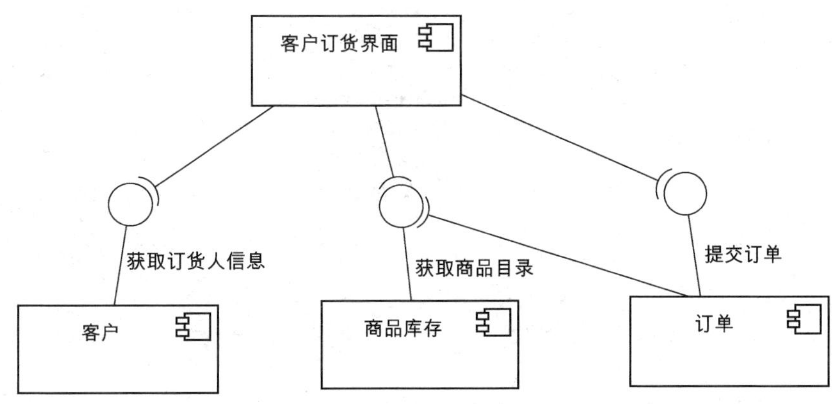

图 4-31　客户订货分系统的组件模型

4.7.4　复合结构图

复合结构图一般用来描述复杂对象的内部结构、与外部的接口关系以及对象之间的协作关系。其基本元素包括类、部件、接口、端口等对象及其连接关系。部件是组成复杂对象的内部对象，它可以是组件或对象实例。端口是位于复杂对象边沿的、外部可见的内部对象（对象实例），用于完成对外交互功能。在模型中，用类或组件表达复杂对象的容器概念，其内部封装一些部件和端口。

图 4-32 给出了“笔记本电脑”对象的复合结构图示例。其中，“笔记本电脑”是一个类，它内嵌了“键盘”“主板”“电池”“液晶屏”和“扬声器”等部件，通过“以太网口”“wifi 口”“USB 口”等端口与外部连接，分别提供有线通信、无线通信和数据交换等功能；通过端口“外接电源口”连接外部“电源适配器”，以获得外部供电。与该复合结构图语义等价的类图如图 4-33 所示。

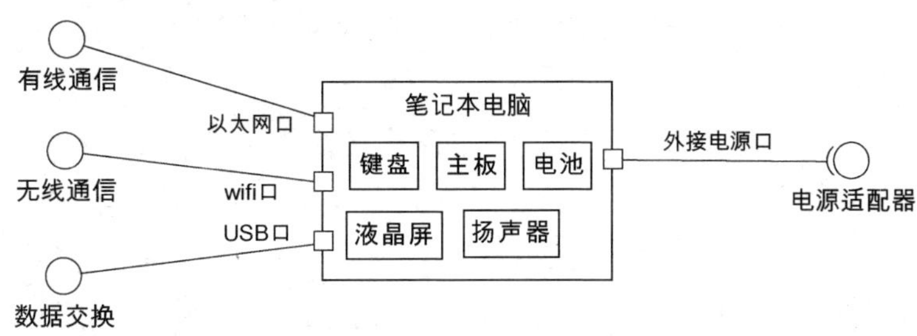

图 4-32　复合结构图的示例

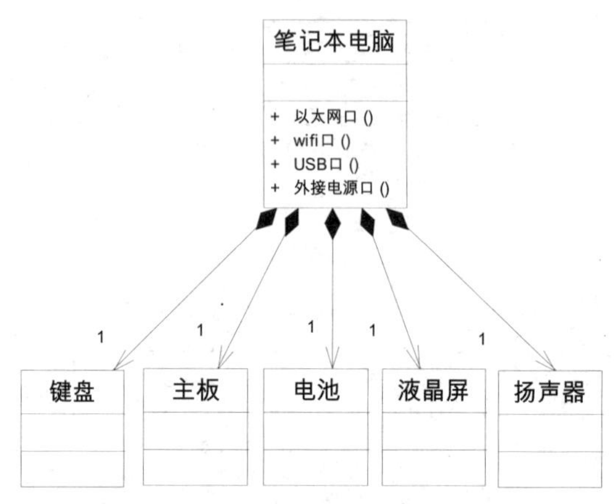

图 4-33　与复合结构图语义等价的类图

复合结构图还常用于描述复合对象的内外协作关系。图 4-34 描述了电子商务系统“订单”组件的复合结构。该模型表达了这样的细节：“订单”组件由一个“订单”对象和多个“订单项”对象组成，通过“修改订单”“提交订单”和“查询订单”端口对外提供增加或删除一条订单明细、提交客户订单、查询客户订单等功能。在完成这些功能时，它需要通过“获取商品信息”端口获取商品目录。

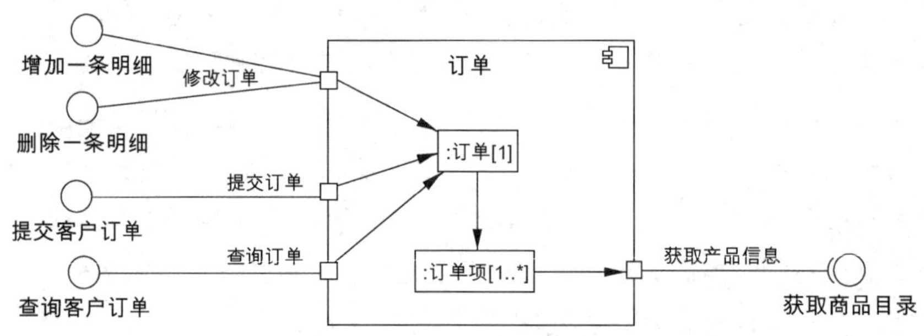

图 4-34　电子商务系统订单组件的复合结构图

4.8　本章小结

对象概念建模是 UML 建模的核心内容之一。类图是概念建模的主要方式，其反映客观世界事物在人脑中形成的逻辑概念及其相互之间的联系，主要由类和关系构成。包图、对象图、组件图和复合结构图是从其他角度来描述系统静态结构的建模图元。

4.9 习题

1．在 UML 中，类图的表示符都有哪些？它们的语义是什么？

2．类与类之间有几种关系？

3．关系基数有哪些？请举例说明其含义。

4．请举例说明对象的多态性及其应用。

第 5 章

对象行为建模

在上一章我们学习了如何使用 UML 静态结构模型来对对象概念进行建模，但仅对系统的对象概念进行建模是不够的，还要对系统的对象行为进行建模。因为系统和用户之间需要交互，系统需要用户对自己进行各种操作，用户对系统的操作会触发系统中各种对象的行为。在本章我们主要学习如何运用 UML 方法对对象行为进行建模。

5.1 行为建模的基本概念

行为建模是对系统的行为属性进行建模，最终得到系统的行为模型，从而来描述系统中相关对象的活动、状态、交互、通信等动态特性。

5.1.1 行为模型及其意义

一组完整的系统模型必须从静态和动态两个方面来共同描述系统，其中对象概念模型描述系统的静态方面，行为模型则描述系统的动态方面。对象概念模型仅仅对客观世界事物现象建立了一种概念关系，描述待开发系统的静态结构，但它不能描述系统的动态行为，不能反映系统为了实现预定目标所需要开展的各种活动等。

系统是为了满足人们的某种需求而开发的，这些需求最终落实到系统的行为属性上。系统为了实现预定目标，需要其中的对象开展一系列相关的活动，需要它们进行交互和通信，而这些对象的行为信息恰恰是系统开发应该重点关注的，因为系统的行为属性就是通过这些对象的行为来实现的，人们只有通过对这些行为进行分析才能明白系统的真正需求。

行为模型就是对系统中对象的行为属性从不同方面进行分析后所建的模型，它描述了系统中对象执行的活动、所属的状态、参与的交互、开展的通信、耗费的时间等行为属性。如果对象概念模型描述的是系统由哪些对象构成，那么行为模型则描述了这些对象“如何做”的过程。行为模型有助于人们理解和认识系统在空间和时间上的各种行为。

5.1.2　基于 UML 的行为建模方法

基于 UML 的行为建模方法主要分为状态建模、活动建模和交互建模三种，三种建模方法从不同方面对系统中的对象行为进行了建模描述。

状态建模主要通过 UML 的状态图来实现，它描述了对象在其生命周期内处于哪些状态、对象在某一状态下的行为及引发对象状态发生改变的事件。它反映了对象在事件驱动下的状态变化情况，常用于系统运行机制分析。

活动建模主要通过 UML 的活动图来实现，对象交互时需要执行一些活动，这些活动以及它们的出现顺序就是活动图所要描述的。其常用于业务过程、工作流、用例实现、程序实现等建模，类似于传统的流程图。

UML 的交互图有时序图、通信图、交互概览图和定时图四种，四种视图从不同角度描述了对象交互时的相关信息，时序图描述对象交互的先后顺序；通信图描述对象交互时的通信情况；交互概览图则综合了活动图和时序图的建模特点，综合描述对象交互的概览情况；定时图则描述对象交互的时间信息。

5.2　UML 状态图表示法

状态图又称状态机图，是对系统进行行为建模的一种成熟方法。状态图通过对系统对象的生命周期建立模型来描述对象随时间变化的状态特征。人们通过状态图可以掌握一个对象在其生命周期内的所有状态，以及相关事件对对象状态的影响。对于对象而言，一个状态代表了其生命周期内的一个阶段。对象可以对事件进行探测并作出回应，它还能与外界其他部分进行通信。事件表示对象可以探测到的事物的一种运动变化，任何影响对象状态改变的事物都可以是事件。

5.2.1　状态图的基本元素

当系统运行时，每个对象都处于某种状态，该状态表示对象执行某个动作后的结果，通常由其属性值和与其他状态的迁移来确定。对象的各种状态及这些状态之间的迁移就组成了该对象的一个状态图。描述状态图的主要图符元素有状态、转换线、起始状态、结束状态、判断。

（1）状态：状态的图符用一个圆角的矩形框表示，由状态名、状态变量和活动三个部分组成，简单表示也可以仅有状态名。

① 状态名。状态名是状态的唯一标识符，在一个状态图中，状态名具有唯一性，但允许匿名状态名。

② 状态变量。状态变量描述对象的属性，也可以为临时变量，为任选项，通过响应对象所接收的事件，可以给属性赋值。

③ 活动。活动列出了对象在当前状态要执行的动作，是任选项。活动有三个标准格式，entry 指明了对象进入当前状态时的特定动作；exit 指明了对象退出当前状态时的特定动作；do 指明了对象在当前状态中执行的动作。

（2）转换线：转换线用实箭线表示，箭尾连接源状态，箭头连接目标状态。一个状态转换发生就是转换线被激活，在激活前，对象处于源状态；激活后，对象处于目标状态。一个完整的转换线包含源状态、触发事件、监护条件、动作和目的状态五部分。

① 源状态。源状态就是受转换线影响的状态，如果一个对象处于源状态，当对象探测到触发事件并满足监护条件（如果有）时，会激活转换线。

② 触发事件。触发事件就是能够引起状态转换的事件。如果此事件有参数，则这些参数可以被转换线所用，也可以被监护条件和动作的表达式所用。触发事件可以是信号、函数调用和时间段等。

③ 监护条件。监护条件是一个布尔表达式，它是触发转换线必须满足的条件。当一个触发事件发生时，监护条件被赋值，如果表达式的值为真，则转换线可以激发；如果表达式的值为假，则转换线不能激发；如果没有转换线适合激发，事件会被忽略。如果没有监护条件，监护条件就被认为是永真，而且一旦触发事件发生，转换线就被激活。

④ 动作。动作通常是一个简短的计算处理过程或一组可执行的语句。动作也可以是一系列简单动作组成的序列。动作可以给另一个对象发送消息、调用一个操作、设置返回值、创建和销毁对象等。动作可以附属于转换线，当转换线被激活时

动作被执行，也可以作为状态的入口动作或出口动作出现，由进入或离开状态的转换线触发。

⑤ 目标状态。目标状态就是当转换线激活后对象所处的状态。

（3）起始状态：用一个实心圆表示，代表状态图的起始点，自身不代表任何对象状态。起始状态是状态转换的源点，不是状态转换的目标。

（4）结束状态：该状态用一个圆中套一个实心圆表示，代表状态图的最终结束状态，自身不代表任何对象状态，是状态图的终止点。结束状态是状态转换的最后目标，不是状态转换的源点。

（5）判断：用空心菱形表示，通常一个入转换线，多个出转换线，状态转换按照满足判定条件的方式进行。判定条件是一个逻辑表达式，状态转换沿判定条件为真的分支触发转换线。

状态图基本图元表示，如图 5-1 所示。

图 5-1　状态图基本图元表示

5.2.2　一般状态图

如果在一个状态内部还画有一个或多个状态，则称状态为嵌套状态，被嵌套的状态称为子状态。没有嵌套子状态的状态称为简单状态。一般状态图仅包含简单状态，状态图内的每一个简单状态都包含相关的动作，本书在前文中已经对动作进行了介绍。

如图 5-2 所示是一个网上购物用户对象的一般状态图，共有三个状态。

① 用户登录：购物用户对象输入自己的用户名和密码，准备登录网上购物系统。

② 选购商品：购物用户对象在网上购物系统中选择自己想购买的商品。

③ 付款：购物用户对象为自己所选的商品付款。

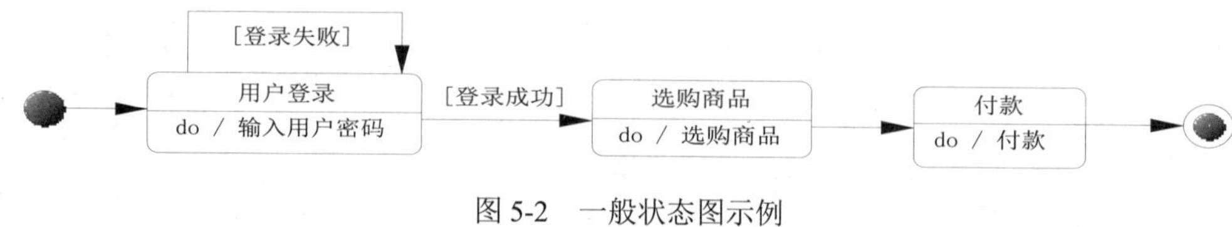

图 5-2　一般状态图示例

在每个状态中都有一个类型为“do”的动作，表明了网上购物用户对象在各个状态下需要执行的相关动作。

5.2.3　复杂状态图

一般状态图的表达能力有限，它不能描述系统中对象复杂的状态转换，这时要使用复杂状态图。复杂状态图中不仅仅包含了嵌套状态，还包括了连接嵌套状态的复杂转换，本书在前文中已对嵌套状态做了定义。每个嵌套状态内可能具有一个起始状态。触发嵌套状态边界的转换线意味着触发起始状态的转换线。嵌套状态也可以有结束状态，触发结束状态会触发嵌套状态上的退出转换。

嵌套状态可以使用“或”关系分解为互相排斥的子状态，或者通过“与”关系分解为并行子状态。“或”关系子状态表示在任一时刻这些子状态中只有一个子状态是激活的，“与”关系子状态表示在某一时刻这些子状态中可以有多个激活状态。据此，嵌套状态可以分为顺序嵌套状态和并发嵌套状态。

1）顺序嵌套状态

仅包含一个状态机的嵌套状态称为顺序嵌套状态，在 UML 2.0 中，顺序嵌套状态也称为非正交状态。在其包含的一个或多个直接子状态中，当嵌套状态被激活时，只有一个子状态被激活。在阅读包含顺序嵌套状态的状态机图时，可以先将其还原成普通的状态机图来理解。

在如图 5-3 所示的“登录验证”嵌套状态中，“输入账号密码”“验证失败”“验证成功”三个子状态之间是顺序关系，在某一时刻只可能有一个子状态被激活。

2）并发嵌套状态

并发嵌套状态又称正交嵌套状态，指在一个嵌套状态中包含两个或多个并发执行的状态机。这些并发的子状态机是相互独立的活动过程，当进入一个并发嵌套状态时，每个并发区域都有一个直接子状态被激活。

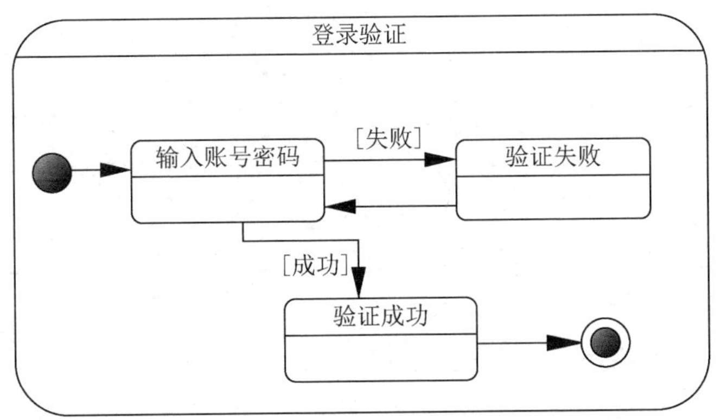

图 5-3　顺序嵌套状态示例

如图 5-4 所示的“受理订单”嵌套状态中，有两个并发状态机，一个是“检查库存”和“办理订单”，另一个是“检查付款”和“已付款”。两个状态机代表了不同的活动过程，它们之间是并发执行的，当“受理订单”状态被激活时，“检查库存”状态和“检查付款”状态同时被激活，然后进入各自的状态机运行，当“办理订单”状态和“已付款”状态都完全结束时，“受理订单”状态才结束。

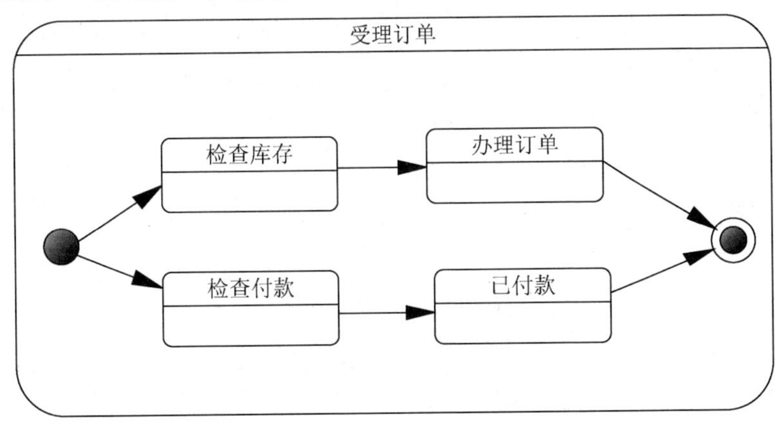

图 5-4　并发嵌套状态示例

复杂转换是几种转换线的统称，在状态图中的转换线包括外部转换、内部转换、进入转换和退出转换四种，如表 5-1 所示。其中外部转换属于简单的转换，其余三种属于复杂的转换。

表 5-1　转换类型表

转换类型	描　述	语　法
外部转换	对事件做出反应，引起状态变化或自身转换	事件（参数）[监护条件]/动作
内部转换	对事件做出反应，但并不引起状态变化	事件（参数）[监护条件]/动作
进入转换	当进入某一状态时，执行相应活动	entry/活动
退出转换	当离开某一状态时，执行相应活动	exit/活动

四种转换线的详细区别介绍如下。

（1）外部转换。其是两个状态之间的转换线，也可以是状态到自身的转换线。外部转换发生时，一般会引发一个特定动作，如果离开或进入状态将引发退出转换和进入转换。

（2）内部转换。内部转换用来处理一些不离开当前状态的事件，它不同于自身转换，自身转换属于外部转换的一种。自身转换在激活时，先离开当前状态，然后再回到当前状态，会激活进入转换和退出转换；但内部转换则不会激活进入转换和退出转换。

（3）进入转换和退出转换。进入转换和退出转换是状态中的一个动作。在很多建模场景中，需要表现出：当进入一个状态时，执行某个动作；当退出一个状态时，执行某个动作。这时就可以用进入转换和退出转换来表示。

5.3　UML 状态图应用

状态图适合描述跨越多个用例的对象在其生命周期中的各种状态及其状态之间的转换。如果一个系统的事件个数比较少并且事件的合法顺序比较简单，那么状态图的作用看起来就没有那么明显。但是对一个有很多事件并且事件顺序复杂的系统来说，如果没有一个好的状态图，程序开发人员就很难准确掌握系统对象的各个状态阶段，从而很难保证开发的程序没有错误。

5.3.1　状态模型的适用范围及作用

状态图主要应用于对对象的生命周期和反应型面向对象建模。

1）对对象的生命周期建模

状态图通常用于对单个对象（类、用例的实例）在整个生命周期内的不同状态及状态之间的转换进行建模，它主要包括：对象整个生命周期内的所有状态、对象在某个状态下的行为、状态之间的转换、影响对象状态转换的事件等。

2）对反应型面向对象建模

反应型对象在接收到一个事件之前通常处于空闲状态，当这个对象对当前事件做出反应后又处于空闲状态时，等待下一个事件。反应型对象的状态图主要描述这个对象可能处于的状态、从一个状态到另一个状态之间的转换所需的触发事件，以及每个状态转换时发生的动作行为等。

状态图的作用主要体现在以下几个方面。

（1）状态图清晰地描述了状态之间的转换顺序，通过状态的转换顺序人们可以清晰地看出事件的发生顺序。

（2）清晰的事件顺序有利于程序员在开发程序时避免出现事件错序的情况。

（3）状态图清晰地描述了状态转换时所必需的触发事件、监护条件等影响转换的因素，有利于程序员避免程序中非法事件的进入。

（4）状态图使用“判定”可以更好地描述因为不同的条件而产生的不同状态分支转换。

5.3.2　建立状态模型

状态图为某个对象在其生命周期内的各种状态建立模型，它适合描述一个对象穿越若干用例的行为，不适合描述多个对象之间的相互协作。建立状态模型的理想步骤是：确定系统状态、确定触发状态变化的事件和条件、分层描述状态内部细节、描述状态内部的动作。

1）确定系统状态

在确定了状态图描述的对象后，就要确定描述对象在其生命周期内的各种稳定的状态。以网上超市的用户登录过程为例，用户是该状态图描述的对象，用户在登录网上超市的过程中，首先要根据网站的提示输入用户名和密码，如果系统验证成功，表示用户登录成功，如果验证失败，用户忘记密码需要系统提示，则系统要向用户发送密码。根据以上描述，确定该用户在登录过程中的状态有“起始状态”“登录提示”“验证用户”“用户登录失败”“用户验证成功”“发送密码”“发送密码成功”“发送密码失败”“结束状态”等状态。

2）确定触发状态变化的事件和条件

确定了对象的状态后，人们要根据这些状态在对象生命周期内的关系，分析它们之间转换时的触发事件和守护条件。根据用户登录网上超市的过程描述及确定的系统状态，接着分析确定触发状态转换时的事件和守护条件如表 5-2 所示。

表 5-2　状态变化示例表

转换序号	源状态	目的状态	守护条件
1	登录提示	验证用户	登录验证
2	登录提示	发送密码	忘记密码
3	验证用户	用户验证成功	验证成功
4	验证用户	用户登录失败	验证失败
5	用户登录失败	登录提示	重试
5	用户登录失败	发送密码	忘记密码
6	发送密码	发送密码成功	发送成功
7	发送密码	发送密码成功	发送失败

3）分层描述状态内部细节

对于个别复杂状态，为了描述状态内部细节，需要用复杂状态图来对状态进行分层描述。用户登录网上超市的过程案例中，确定的对象状态粒度较细，不存在复杂状态。

4）细化状态内的活动与转换

以上步骤只是确定了对象的大致状态信息，为了更详细地描述对象在每个状态下的各种信息，人们可根据需要添加内部转换、进入和退出转换以及相关的活动等。为了进一步描述用户登录网上超市的状态信息，将需要重点分析的状态添加内部转换和相应的活动，最终构建的状态图如图 5-5 所示。

一个结构良好、描述准确的状态图，应满足以下要求：

（1）能准确描述系统的动态模型的一个方面；

（2）图中只包含与描述该对象有关的重要元素；

（3）附加有助于理解状态图含义的必要特征信息。

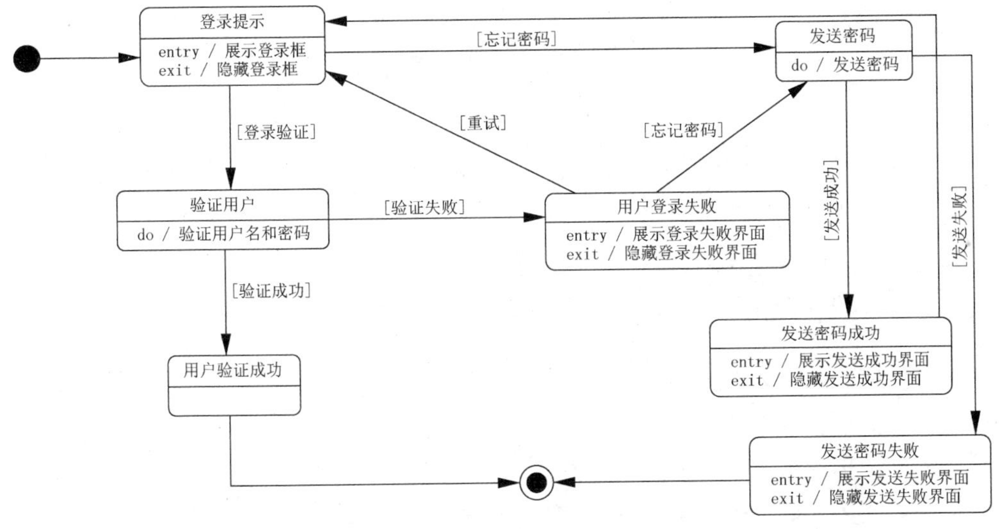

图 5-5　用户登录网上超市状态示例图

5.3.3　状态模型与对象概念模型的关系

在状态模型中，状态是对一个对象在某一时刻属性特征的概括，描述了对象在当时的属性值和操作。而状态迁移则表示该对象在何时对系统内外发生的哪些事件做出何种反映，而这些事件反映了对象（外部或内部）的操作。对象概念模型则描述了系统中的类、类的属性和操作以及类之间的关系。这些类则是状态模型中对象的抽象，类的属性是对象属性值的抽象，类的操作和对象在某一状态中的操作相对应。状态模型中的对象就是对象概念模型中类的实例，对象的各种属性受对象概念模型中相应的类属性约束，同时对象概念模型中类的操作和类之间的联系决定了状态模型中对象在哪些事件下做出何种反映。状态模型可以将对象概念模型中一个类的对象在其生命周期内动态变化的属性特征值展示出来。

状态模型还可以指导人们修改完善对象概念模型，随着分析的深入，一开始建立的对象概念模型中类的某个属性和操作可能有缺陷。人们在对其对象行为进行分析时，通过构建的状态模型中对象在某个状态下的属性值或操作可以修改其所属类的属性和操作，达到完善对象概念模型的目的。

5.4 UML 活动图表示法

活动图是 UML 用于对系统的动态行为进行建模的另一个工具。活动图是一种表述业务过程及工作流的技术，与流程图类似，它可以用来对业务过程、工作流建模，也可以对用例实现进行建模。活动图与流程图最主要的区别在于，活动图能够支持带条件的行为和并发行为。

5.4.1 活动图的基本元素

活动图描述了一系列活动的序列。一项活动指的是一系列动作，如调用类的方法、发送或接收信号、创建或撤销对象、计算表达式等。一个动作由一组原子语句或表达式组成，所谓原子语句是指在执行时不可再分割的语句。但活动不具有原子性，是可分割的，一个外部事件可以介入并干预一个活动。活动图的元素有动作、活动、活动迁移、分叉与结合、决策框、泳道、对象流等，如图 5-6 所示。

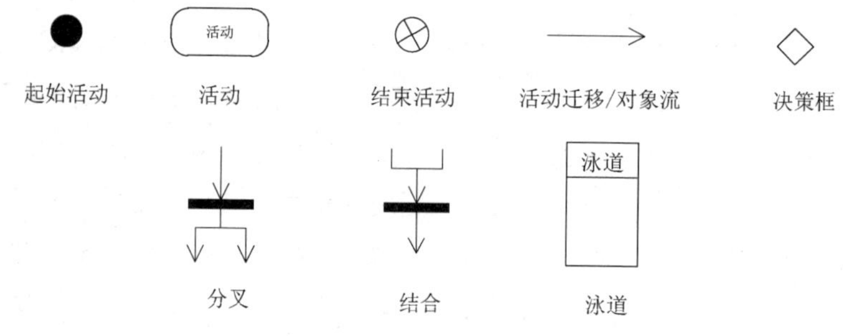

图 5-6　活动图基本元素

1）动作

动作是原子性的操作，它不能被外部事件所中断。动作的原子性决定了动作要么不执行，要么就完全执行，不能中断。例如，发送一个信号，设置某个属性值等。动作不可以分解为更小的部分，它没有子结构、内部转换或内部活动，它是构造活动图的最小单位。

2）活动

活动是非原子性的，一般用来表示一个具有子结构的纯粹计算的执行。活动可以分解成其他子活动或动作，可以被事件从外部中断。活动可以有内部转换，可以有入口动作和出口动作。活动具有至少一个输出完成迁移，当活动完成时该迁移被激发。如果一个活动比较复杂，它可以分解成多个活动，用分层活动的形式来展示。

3）活动迁移

活动迁移表示了活动与其后继活动之间的关系，当一个活动结束时，活动迁移引导下一个活动执行。如果需要对这些活动迁移设置一些条件，使其在满足特定的条件时才触发，可以使用监护条件来完成。

4）分叉与结合

为了对并发活动进行建模，在 UML 中引入了分叉和结合的概念。分叉用来表示将一个活动迁移分成两个或多个并发运行的分支，结合则将表示两个或多个并发运行的分支结合到一个活动迁移。分叉具有一个输入活动迁移，两个或者多个输出活动迁移，输入活动迁移完成后，所有的输出活动迁移都被激发。结合则与分叉相反，它具有两个或者多个输入活动迁移，只有一个输出活动迁移，当所有的输入迁移都完成时，才能激发输出迁移。

5）决策框

决策框是活动迁移的一部分，它将迁移路径分成了多个部分，每一部分都有单独的监护条件和不同的结果。当迁移遇到决策框时，会根据监护条件（布尔值）的真假来判定路径的去向。决策框每个路径的监护条件应该都是互斥的，这样可以保证只有一条路径的活动迁移被激发。决策框应该尽可能包含所有的可能，否则可能会有一些迁移无法被激发。

6）泳道

在活动图中，将活动根据职责分为不同的组，这些分组就被称为泳道。每个活动只能明确地属于一个泳道，泳道明确地表示了哪些活动是由哪些对象进行的。每个泳道都有一个与其他泳道不同的名称。

7）对象流

在活动图中，对象流描述了动作或者活动与对象之间的关系，表示动作使用对象及动作对对象的影响。

5.4.2　一般活动图

和状态一样，活动也有简单和复杂之分，复杂活动一般被称为分层活动，分层活动是一种内嵌活动图的活动，不含内嵌活动的活动称为简单活动。一般活动图仅由简单活动和它们之间的活动迁移构成，不包含分层活动、泳道、对象流等信息。

图 5-7 就是一个描述网上超市处理用户订单流程的一般活动图。用户首先下订单，然后系统一边生成送货单，一边要求用户付款。如果用户在此时选择放弃付款，则系统终止对该用户订单的处理，如果用户付款成功，则系统通知供货商送货。送货商根据订单中的订单项给用户送货，直至每个订单项都送货成功。在该活动图中，既没有表示活动的执行者，也没有表示活动执行过程中创建了哪些对象，并且每个活动都是简单的活动。

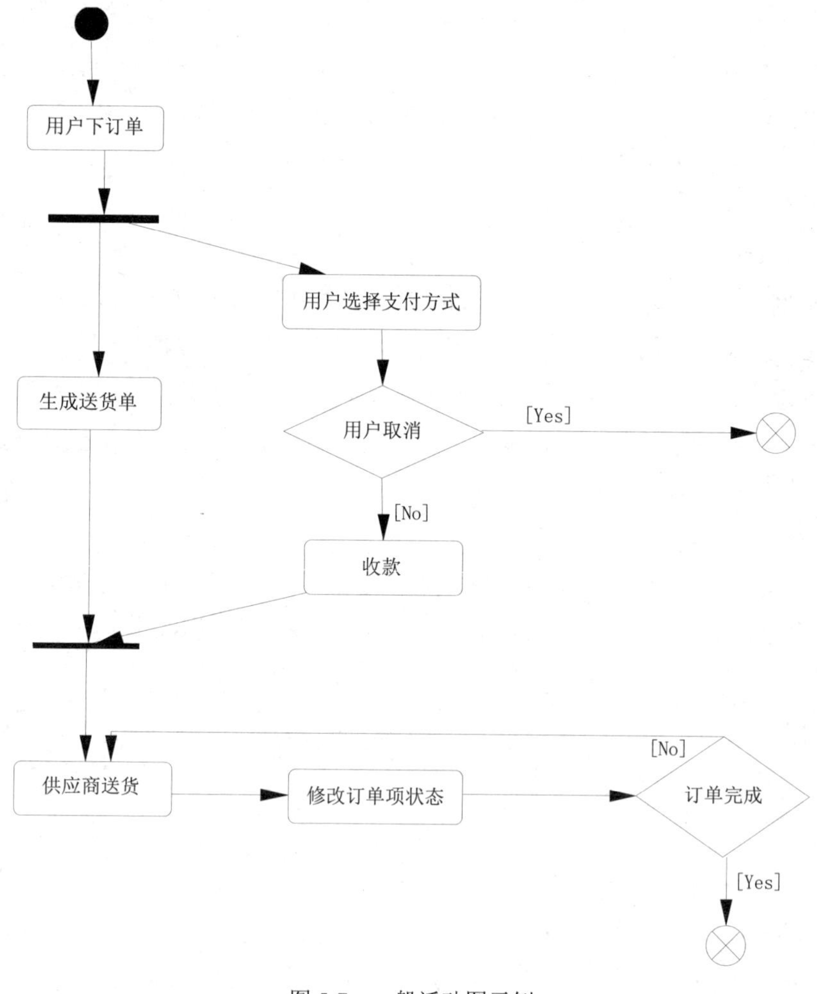

图 5-7　一般活动图示例

5.4.3　分层活动图

一个分层活动是一组子活动的概括，它可以分解为多个活动的组合。每个分层活动都有自己的名字和相应的子活动图。一旦进入分层活动，嵌套在其中的子活动图就开始执行，直到到达子活动图的结束活动，分层活动才结束。与一般的活动一样，分层活动不具备原子性，它可以在执行的过程中被中断。

如果一些活动比较复杂，就会用到分层活动。图 5-7 所示的网上超市处理用户订单流程的活动图中，当用户选择支付方式时，可以选择信用卡付款和货到付款两种方式，则“用户选择支付方式”活动可以展开为以下分层活动，如图 5-8 所示。

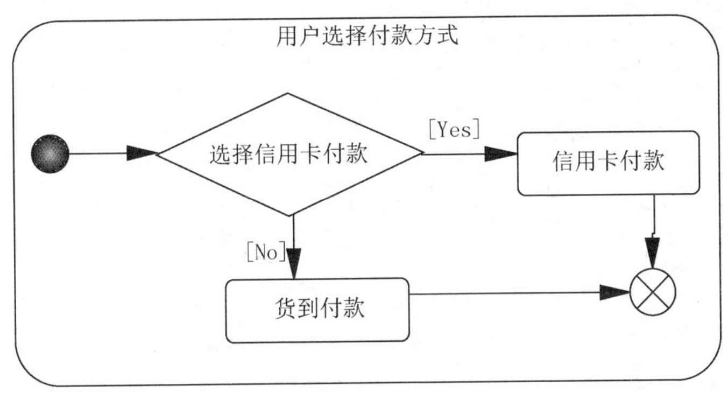

图 5-8　分层活动图示例

5.4.4　泳道活动图

上面的活动图虽然描述了整个控制流的过程，但却没有说明每个活动是由谁执行的。对应到编程，就是没有明确地表示出每个操作是由什么类来负责的。为了在活动图中表达各个活动由谁负责的信息，可以给活动图添加相应的泳道。

每条泳道可能由一个或者多个类实施，类所执行的动作按照发生的时间顺序自上而下地排列在泳道内。而泳道的排列顺序并不重要，只要布局合理并减少线条交叉即可。在活动图中，每条泳道通过垂直实现与它的邻居泳道相分离。在泳道上方是泳道的名称，每条泳道必须有一个唯一的名称。不同泳道中的活动可以顺序执行，也可以并发执行。虽然每个活动只能属于一条泳道，但迁移和决策框可以跨越数条泳道。

图 5-7 所示的网上超市处理用户订单流程的活动图中，没有包含活动的执行者信息，即没有引入泳道。通过分析，该活动模型的参与者共有三类，分别是“客户”“系统”“供应商”。其中，“客户”类执行“用户下订单”和“用户选择支付方式”活动及“用户取消”判断；“系统”类执行“生成送货单”和“收款”活动及“订单完成”判断；“供应商”类执行“供应商送货”和“修改订单项状态”活动。根据以上分析，将活动图重新布局并添加泳道，如图 5-9 所示。

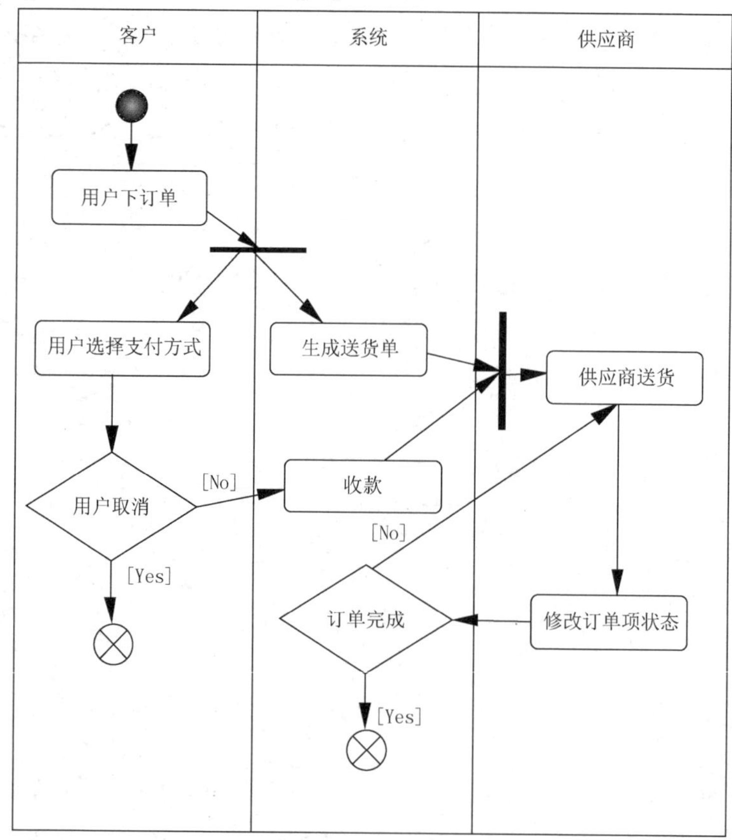

图 5-9　泳道活动图示例

5.4.5　对象流活动图

在活动图中，一个活动可能创建、输入、输出一个对象或者修改对象的状态信息。如果活动图中包含这些对象的信息，那么该活动图对于编程实现更具有指导意义。在 UML 中，活动图中不仅可以显示一个对象的流，还可以显示对象的角色、状态和属性值的变化。在活动图中，对象用矩形表示，其中包含带下划线的类名和对象当前的属性值及状态。

在图 5-9 所示的网上超市处理用户订单流程的活动图中，一共涉及两个对象，分别是“订单对象”和“送货单对象”。“订单对象”是“订单”类的实例，它是由“用户下订单”活动创建的，“系统”根据它来执行“生成送货单”活动。“送货单对象”是“送货单”类的实例，它是由“生成送货单”活动创建的，“供货商”根据它来执行“供货商送货”活动，同时在“修改订单项状态”活动中可以对它的状态进行修改。对象流活动图，如图 5-10 所示。

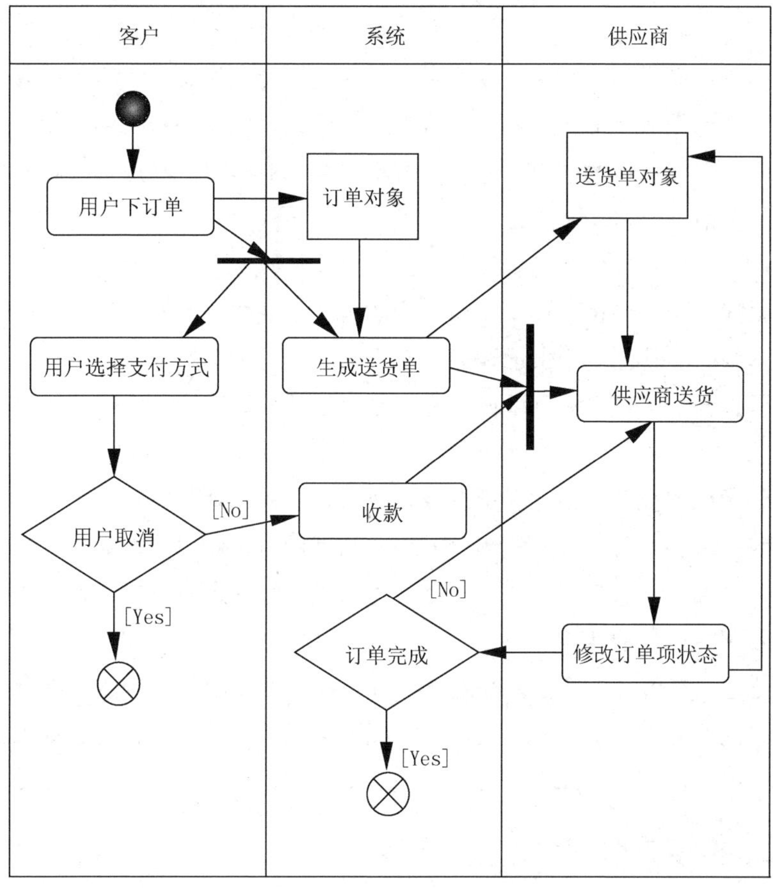

图 5-10　对象流活动图示例

在绘制活动图时并不一定需要将所有的对象流都表示出来，这不仅会使活动图变得复杂、混乱，还脱离了活动图建模的本质意图。在实际操作中，只需对的确需要描述的对象进行构建即可。

5.5 UML 活动图应用

活动图是一种用于描述系统行为的模型视图，它可以用来描述动作和动作导致对象状态改变的结果，而不用考虑引发对象状态改变的事件。

5.5.1 活动图的适用范围及作用

活动图是模型中的完整单元，表示一个程序或者工作流，常用于计算流程和工作流建模。活动图着重描述用例实例或对象的活动，以及操作实现中完成的工作。活动图通常出现在设计的前期，即在所有实现决定前出现，特别是在对象被指定执行所有的活动前。

活动图的作用主要体现在以下几点。

（1）描述一个操作执行过程中所完成的工作，说明角色、工作流、组织和对象是如何工作的。活动图对用例描述尤其有用，它可对用例的工作流建模，显示用例内部和用例之间的路径，它可以说明用例的实例是如何执行动作以及如何改变对象状态的。

（2）显示如何执行一组相关的动作，以及这些动作如何影响它们周围的对象。活动图对我们理解业务处理过程十分有用。活动图可以画出工作流用以描述业务，有利于我们与领域专家进行交流。通过活动图我们可以明确业务处理操作是如何进行的，以及可能产生的变化。

（3）描述复杂过程的算法，在这种情况下使用活动图和传统的程序流程图的功能是差不多的。需要注意的是，通常活动图假定在整个计算机处理过程中，没有外部事件引起中断，否则普通的状态图更适合描述此种情况。

5.5.2 建立活动图

活动图主要应用在两个方面：一是在业务建模阶段，对工作流进行建模；二是在系统分析和设计阶段，对操作进行建模。

1. 对工作流建模

在将活动图用于业务流程建模时，每一条泳道表示一个职责单位（可以是一个人，也可以是一个部门），该活动图能有效地体现出所有职责单位之间的工作职责、业务范围以及它们之间的交互关系、信息流程。

使用活动图来对工作流进行建模时，应该遵循以下主要步骤。

（1）为工作流建立一个焦点，除非所涉及的系统很小，否则不可能在一张图中显示出系统中所有的活动迁移。

在网上超市购物系统中涉及了多个工作流，如用户注册登录、用户选购商品、系统处理订单等。在此可用活动图对订单处理的工作流进行建模。

（2）选择全部工作流中的一部分有高层职责的业务对象，并为每个重要的业务对象建立一条泳道。

在网上超市购物系统对订单进行处理的工作流中，要涉及三个业务对象，即用户、系统和供应商，分别为三个业务对象建立泳道。

（3）确定每个业务对象在该工作流中要完成的活动，并为每个活动建模。

用户在该工作流中要向系统下达订单，并为订单付款，因此用户要完成的活动有“用户下订单”和“用户选择支付方式”活动及“用户取消”判断。系统在该工作流中要收取用户的付款，然后向供货商发送送货单，并监管供货商送货，因此系统要完成的活动有“生成送货单”和“收款”活动及“订单完成”判断。供货商在该工作流中要向用户送货，并随时向系统提交自己的任务完成情况，因此送货商要完成的活动有“供应商送货”和“修改订单项状态”活动。将上述每个活动在活动图中用各自的表示元素表示出来，分别布局在相应的泳道内。

（4）确定活动之间的活动迁移顺序，可用分叉和结合表示活动之间的并行关系。

在系统处理订单的工作流中，为了加快处理速度，系统根据客户订单生成送货单和用户选择付款方式可同时进行，在建模时，可以用分叉来表示这两个并行活动。

（5）识别工作流初始活动的前置条件和结束活动的后置条件，这可有效地对工作流的边界进行建模。

在系统处理订单的工作流中，初始活动的前置条件是用户确认购买购物车中的商品，结束活动的后置条件是用户的一次购物完成。

（6）如果需要，加入对象流及对象的状态变化来表示更多的信息，但这不是建模的重点。

在系统处理订单的工作流中，涉及两个对象：“订单对象”和“送货单对象”。“订单对象”是由“用户下订单”活动构建的，“系统”根据它来执行“生成送货单”活动。“送货单对象”是由“生成送货单”活动构建的，“供货商”根据它来执行“供货商送货”活动，同时在“修改订单项状态”活动中可以对它的状态进行修改。最终构建的系统处理订单工作流如图 5-10 所示。

2. 对操作建模

到了系统分析后期及系统设计期间，活动图针对的就不再是业务流程中的职责单位，而是对象。也就是说每一个对象占据一个泳道，而活动是该对象的成员方法。当决定采用活动图来对操作进行建模时，应该遵循以下步骤。

（1）收集操作所涉及的抽象概念，包括操作的参数、返回类型、所属类的属性以及某些临近的类。

（2）识别该操作初始节点的前置条件和活动终点的后置条件，也要识别在操作执行过程中必须保持的信息。

（3）从该操作的初始节点开始，说明随着时间发生的活动，并在活动图中将它们表示为活动节点。

（4）如果需要，使用判断框来说明条件语句及循环语句。

构建活动图的一般原则如下。

（1）首先决定是否采用泳道，其依据是活动图中是否要体现出活动的不同实施者。

（2）尽量使用分叉、结合和决策框等基本建模元素来描述活动的控制流程。

（3）如果建模需要，加入对象流及对象的状态变化来表达更多的信息。

（4）如果建模需要，使用一些高级的建模元素（分层活动图）来表示更多的信息。

（5）活动图的建模关键是表示出活动之间的迁移，其他所有的建模元素都是围绕着这一宗旨进行补充。

在创建活动图的过程中，还需要注意以下问题。

（1）考虑用例其他可能的工作流情况。如执行过程中可能出现的错误，或是可能执行的其他活动。

（2）按照执行顺序自上而下地排列泳道内的动作或活动。

（3）使用决策框时，不要漏掉任何的分支，尤其是当分支比较多的时候。

5.5.3　活动图与对象概念图的关系

活动图作为系统行为建模的一个部分，主要从系统运行和实现的行为过程方面对系统进行建模分析，它主要描述系统中的一个工作流如何执行或某个复杂的操作如何展开。活动图中的元素和对象概念图中的元素是相互关联的，活动图中泳道的角色类就是对象概念图中的某个类，而活动图中具体的动作和活动则对应于对象概念图中类的操作。活动图将对象概念图中的类为实现某个工作流或复杂操作而进行的一系列简单操作的先后顺序展示出来。

活动图还能指导对象概念图的完善更新，如在活动图建模时，发现两个泳道之间的活动需要迁移，但对象概念图中相应类之间却没有相关的关联，因此需要对对象概念图进行完善更新，在相应的类之间添加相应的关联；若活动图中的某个动作在对象概念图中的相应类中没有描述出来，则需要添加进与之相关的操作。

5.5.4　状态图与活动图的比较

状态图可以描述一个对象在其生命周期所经历的状态序列、引起状态转换的事件及因状态转换而引起的动作。活动图则是描述一个系统或对象动态行为的另一种方法，是状态图的另一种表现形式。活动图的功能主要是记录各种活动和由于其对象状态转换而产生的各种结果。

状态图与活动图的相同点。

（1）描述一个系统或对象在生存期间的状态或行为。

（2）描述一个系统或对象在多进程操作中同步或异步操作的并发行为。

状态图与活动图的不同点。

（1）触发一个系统或对象的状态（活动）发生转换（迁移）的机制不同。

状态图中的对象状态要发生转换，必须有一个可以触发状态转换的事件发生，或满足了触发状态转换的条件。活动图中的活动迁移不需要事件触发，一个活动执行完毕可以直接进入下一个活动。

（2）描述复杂操作的机制不同。

状态图采用状态嵌套的方式来描述对象如何完成一个复杂操作。活动图通过采用建立泳道的方法描述一个系统中几个对象共同完成一个复杂操作或一个用例实例所需要的活动，它更适合描述一个系统或对象的并发行为。

因此在构建系统的各种动态模型中，状态图和活动图并不要求必须同时出现，系统分析与设计人员可以选择状态图为主要系统或对象的行为状态建立模型，也可以选择活动图对某些需要重点强调的对象行为建立模型。

5.6 UML 交互图表示法

交互图主要描述对象之间的交互行为，如对象之间的通信、对象间的控制流、对象属性随时间的变化等。针对不同的应用情况和描述内容，UML 2.0 中提供了时序图、通信图、交互概览图等交互图。

5.6.1 时序图

时序图，又称顺序图，描述了对象之间基于时间先后顺序的动态交互，它显示了随着时间的变化对象之间是如何进行通信的，它注重消息的时间顺序，即对象之间消息的发送和接收的先后顺序。

在 UML 的表示中，时序图是一个二维图，纵轴表示时间顺序，时间沿竖线向下延伸，横轴表示一组交互的对象。时序图的基本组成元素有对象生命线、控制焦点、消息和交互片段。

1. 对象生命线

对象是类的实例，可以是系统的参与者或有效的系统对象。对象使用包围名称的矩形框来表示，对象及类的名称带有下划线，二者用冒号隔开（语法表示如表 5-3 所示），对象的下部有一条被称为“生命线”的垂直虚线。

表 5-3 对象名称语法表

语 法	描 述
O	一个名字为 O 的对象

续表

语　法	描　述
O:C	一个名字为 O 的对象，它是类 C 的一个实例
:C	类 C 的一个匿名对象

模型中的对象既可以是具体的事物，又可以是原型化的事物。作为具体的事物，一个对象代表现实世界的某个东西；作为原型化的事物，一个对象代表系统中它所属类的一个实例。

对象的生命线是对象框下面的一条虚线，表现了对象存在的时段，对象的生存期有多长，虚线就有多长。对象生命线表示该对象处在休眠期，等待消息激活。对象存在的时段包括对象在拥有控制线程时或被动对象在控制线程通过时。当对象在拥有控制线程时，对象被激活并作为线程的根，如果线程还调用其他对象，则存在时段包括线程调用下层线程的时间。

对象生命线包括矩形的对象图及图标下面的生命线，如图 5-11 所示。

图 5-11　对象生命线示例

对象也可以在交互过程中创建和销毁。

（1）对象在交互中创建，它的生命线就会从接到新建对象（构造函数）的消息时开始。

（2）对象在交互中销毁，它的生命线就在接到销毁对象（析构函数）的消息时结束。

2. 控制焦点

控制焦点表示了对象的一个操作执行的持续时间，也表示了对象和它的调用者之间的控制关系。在 UML 中，控制焦点也被称为激活。一个控制焦点表示一个对象中的一个操作或者它的从属操作的持续时间。控制焦点用一个细长的矩形框表示，它的顶端与激活时间对齐，底端与完成时间对齐。被执行的操作根据风格不同表示成一个附在激活符号旁的文字标号。进入消息的符号也可表示操作，如果控制流是过程的，那么控制焦点的顶部位于用来激发活动进入消息箭头的头部，而符号的底部位于返回消息箭头的尾部，如图 5-12 所示。

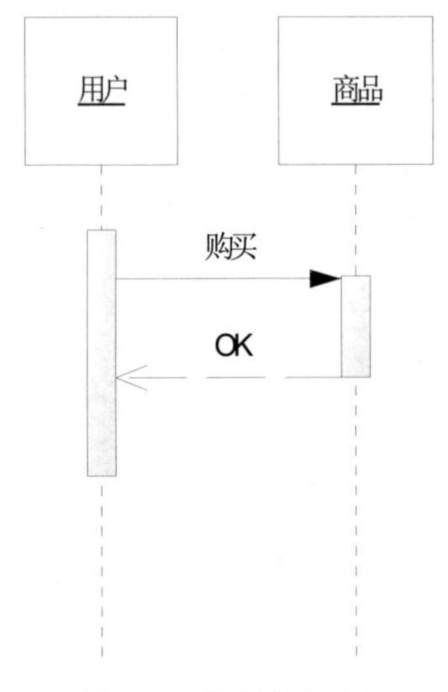

图 5-12　控制焦点示例

3. 消息

一条消息是对象之间的一次通信，通信所传递的信息是期望某种动作发生或通知某种事件。通常情况下接收到一条消息被认为是一个事件消息，可以是信号、操作调用或其他类似的东西。传递一个消息时，它所引起的动作是一个通过对计算过程的抽象而得到的可执行语句。

对象之间的消息分为五种类型：调用、返回、发送、创建和销毁。

1）调用

调用是最常用的一种消息，它表示调用某个对象的一个操作，可以是对象之间的调用，也可以是对象自身操作的调用。

2）返回

返回表示被调用的对象向调用者返回一个值，在时序图中返回消息用虚线箭头表示。在控制的过程流中，可以省略返回消息，这是假设在每个调用后都有一个配对的返回消息。对于非过程控制流，如果需要的话，应该标出返回消息的返回值。

3）发送

发送是指向对象发送一个信号，信号和调用不同，它是一种事件，用来表示各对象间进行通信的异步激发机制。调用是同步的机制，而信号是一种异步的机制。如果对象 A 调用对象 B，则 A 发送完消息之后会等 B 执行完所调用的方法之后再继续执行；如果对象 A 发送了一个信号给对象 B，那么 A 在发送完信号之后，就会继续执行，不会等待。

4）创建和销毁

创建和销毁指创建和销毁一个对象。创建对象通常是利用其定义的构造函数来实现的，它意味着该对象生命线的开始；而销毁对象则一般是利用其定义的析构函数来实现的，通常连接着的是目标对象的生命线终止符号。

4. 交互片段

在 UML 2.0 中引入了交互片段来表示对象之间复杂的交互行为。交互片段包含了部分的时序图，而且交互片段中的时序图还可以分成几个区域。每个交互片段都有一个操作符，而每个区域都有一个监护条件。

1）分支（Alt 和 Opt）

分支操作符用于当对象交互是否执行取决于某个特定条件时，表示分支的操作符有两个：支持多条件的 alt 和支持单条件的 opt。

2）循环（Loop）

循环操作符表示该片段可以执行多次，而具体的执行次数由循环次数的范围和监护条件表达式来说明。循环操作符用 loop 表示。

3）断言（Assert）

断言操作符表示内容所描述的行为是执行过程中那个时刻唯一的有效行为。如果执行到这个片段的前面，则说明该片段一定会发生。它通常和考虑（Consider）或忽略（Ignore）一起使用。考虑操作符包含一个子片段和一个消息类型列表。只有列表中的信息类型可以出现在子片段中，这表示其他类型可以出现在实际的系统中，但是会忽略它们。忽略操作符也包含一个子片段和一个消息类型列表。列表中的消息类型可以出现在子片段中，但交互时会忽略它们，它的含义与考虑刚好相反。

4）中断（Break）

中断操作符用来定义一个含有监护条件的子片段。如果监护条件为“真”则执行子片段，而且不执行包含子片段的、图中的其他交互；如果监护条件为“假”那么将正常继续执行。

5）临界（Critical）

临界操作符表示该子片段是“临界区域”，在临界区域中生命线上的事件序列不能和其他区域中的任何事件交错。它通常用来表示一个原子性的连续操作。

6）并行（Par）

并行操作符用来表示两个或多个并发执行的子片段，并行子片段中单个元素的执行次序可以以任何可能的顺序相互操作。

7）引用（Ref）

引用操作符表示引用其他的时序图。表示方法是用一个矩形加上引用操作符并写明引用的时序图名称。

各种交互片段的描述方法都一样，根据各自的操作符来区分，如图 5-13 所示为一个循环操作片段。

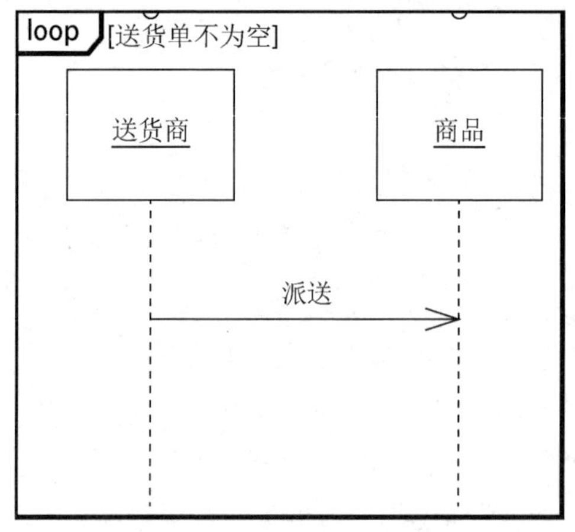

图 5-13　循环操作片段示例

5.6.2　通信图

通信图是由早期版本中的协作图演变而来的。时序图描述了对象之间进行交互时的消息的先后顺序，而通信图则描述完成这些交互的对象之间的拓扑关系。在通信图中，对象之间的关系仍用消息表示，为了表示信息的顺序，每个消息前都指定了一个数字。为这些消息指定数字的前提是：所有消息的顺序都是固定的，不会随着对象的执行而发生变化。

通信图的基本元素是对象生命线和消息，但两者的表示方法和时序图中的对象生命线和消息有差别。通信图中对象生命线的含义和时序图中对象生命线的含义相同，但它仅仅用一个包围对象名称的矩形表示，矩形底部没有虚线。通信图中的消息用一个没有箭头的实线表示，实线旁边伴随着带有数字的消息和表示消息传递方向的箭头，如图 5-14 所示。

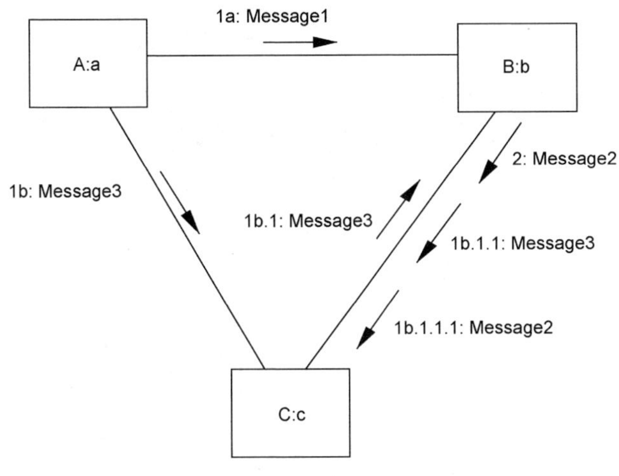

图 5-14　通信图示例

消息前的数字表示了消息的顺序。如果消息前的数字相同，而消息名称不同，则表示这两个消息是并发的。在示例图中，消息 Message1 和 Message3 是两个并发消息，它们是对象 a 同时发送给对象 b 和 c 的。消息前的数字用“.”隔开表示不同的嵌套层次，如果数字中有一项不同，表示这两个数字指示的消息在该嵌套层次上是顺序执行的。在示例图中，1b.1 在 1b 之后，1b.1.1 在 1b.1 之后，2 在 1a 和 1b 之后。

5.6.3 交互概览图

交互概览图是 UML 2.0 中新增的模型图，它综合了活动图和时序图的部分元素，将活动图中的活动节点用时序图中的交互或交互应用来代替，保留活动图中表示控制流的相关控制节点。交互概览图关注交互或交互应用的控制流程，它是一些交互的整体控制流程展示。

交互概览图的组成元素有交互、交互应用和活动图中的相关控制节点。它是将活动图用在了表示交互行为上。交互概览图和活动图存在一些区别：

（1）交互概览图用交互或交互应用代替活动图中的活动节点；

（2）选择交互片段用决策节点和相应的融合节点表示；

（3）并行交互片段用分支节点和相应的合并节点表示；

（4）循环交互片段用简单的环路表示；

（5）分支与合并要嵌套合理，这比活动图中的要严格。

图 5-15 为一个简单的网上购物流程的交互概览图，分别用交互片段描述了“用户”和“网上售货员”在网上购物流程中的简单行为。

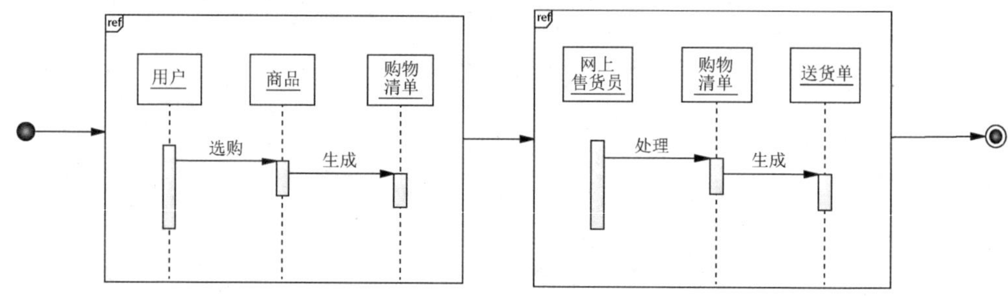

图 5-15 交互概览图示例

5.7 UML 交互图应用

在系统运行过程中，系统的功能往往不是单个对象可以完成的，而是多个对象协作完成的。因此，分析对象之间的交互是面向对象建模的一个重点。系统中有多个对象类，每个对象类都有各自的操作。但要从这些众多的对象类和其操作来理解和掌握对象之间的各种交互行为是一件不容易的事。在 UML 中，利用交互图可以有效地分析和理解对象之间的交互行为。

5.7.1　交互模型的作用

交互模型描述了不同情况下的对象交互，通过这些交互模型，系统设计人员可以很清楚地掌握系统中对象的交互情况。交互模型也为不同设计人员共同分析同一情况下的对象交互提供了机会，使设计人员达成共识。设计人员可以使用不同类型的交互模型从多方面来分析和理解对象间的交互行为。

时序图是应用最广泛的交互模型，它可以用来描述场景，也可以用来详细表示对象之间及对象与参与者之间的交互。在系统开发的早期阶段，时序图应用在高层设计场景上；在后续软件设计阶段，它可以确切地描述系统运行时对象之间的消息传递顺序。正是由于时序图具备了时间顺序的概念，从而可以清晰地描述对象在其生命周期内的动态行为及不同对象之间行为交互的先后顺序。

通信图则关注对象完成交互时的体系结构关系，它主要描述在参与某个交互的对象之间的拓扑关系和依据这些关系传递的消息顺序。时序图可以详细展示对象之间交互时消息的先后顺序，但不能体现在交互过程中各个对象之间的关系，通信图则解决了这一难题，它可以很直观地表现交互过程中各个对象之间的关系。虽然通信图中用数字表示消息的顺序，但随着消息数量的增多，使得通过通信图来直观发现消息的先后顺序不是很方便，这也是通信图的应用没有时序图广泛的原因之一。

交互概览图关注对象交互之间的控制流程。时序图展示了对象交互时消息的先后顺序，通信图展示了对象交互时的架构关系，但两者都很难体现对象交互之间的控制流程，特别是当描述复杂的交互过程时。在描述复杂交互过程时，设计人员需要分析了解交互的控制流程，这就需要使用交互概览图将复杂的交互过程分解成不同的交互片段，然后使用交互概览图将这些交互片段之间的控制流程展示出来，它可以直观展现出复杂交互过程的控制流程。

定时图关注对象条件或状态随时间变化的情况。对于一些条件或状态变量随时间持续变化的交互过程，可以使用定时图来描述这些条件或状态变量在时间坐标轴上的变化情况。通过定时图，设计人员可以很清晰地看到这些条件或状态变量在某一时刻的取值情况，从而为详细分析对象交互行为提供便利。

5.7.2 建立交互模型

虽然上述四种 UML 交互模型都是描述了系统对象的交互行为，但由于每个模型的关注焦点和应用目的有差别，因此它们的建模方法也不尽相同。

1. 建立时序图

时序图的关注焦点是对象交互时信息的先后顺序，因此在建立时序图的过程中，对对象交互时信息的分析很重要。一个结构良好的时序图要能清晰的表示出交互的对象和它们之间消息传递的先后顺序。建立时序图的一般步骤如下。

（1）根据系统的用例或具体的场景，确定角色的交互过程。在网上售货员管理订单的过程中，售货员首先登录系统，查看有哪些订单未被处理，然后选择一个未处理的订单，根据订单上的商品查询仓库是否有充足的商品，如果仓库商品充足，就生成送货单，通知仓库发货。

（2）确定交互过程中涉及的对象，从左到右将这些对象按顺序放置在序列图的上方。根据网上售货员管理订单的过程分析，一共涉及“网上售货员”“管理订单界面”“订单”“商品清单”“仓库”和“发货单”这些对象。将这些对象在时序图中用对象生命线构建出来。

（3）分析该交互过程中的各种消息，使用这些消息将对象连接起来，从系统中的某个角色开始，在各个对象的生命线之间从上到下按时间顺序依次将消息画出，在消息箭头线上标出消息标签的内容、约束或构造型。

在网上售货员管理订单的过程中，“网上售货员”对象首先向“管理订单界面”对象发送“登录系统”消息。成功登录后，“管理订单界面”对象向“订单”对象发送“处理”消息，“订单”对象创建“商品清单”对象。“商品清单”对象被创建后，向“仓库”对象发送“查询”消息，“仓库”对象查询结束后，向“商品清单”对象返回“货源充足”消息，随后“商品清单”对象创建“发货单”对象。根据以上流程，在时序图中将各个消息创建出来，如图 5-16 所示。

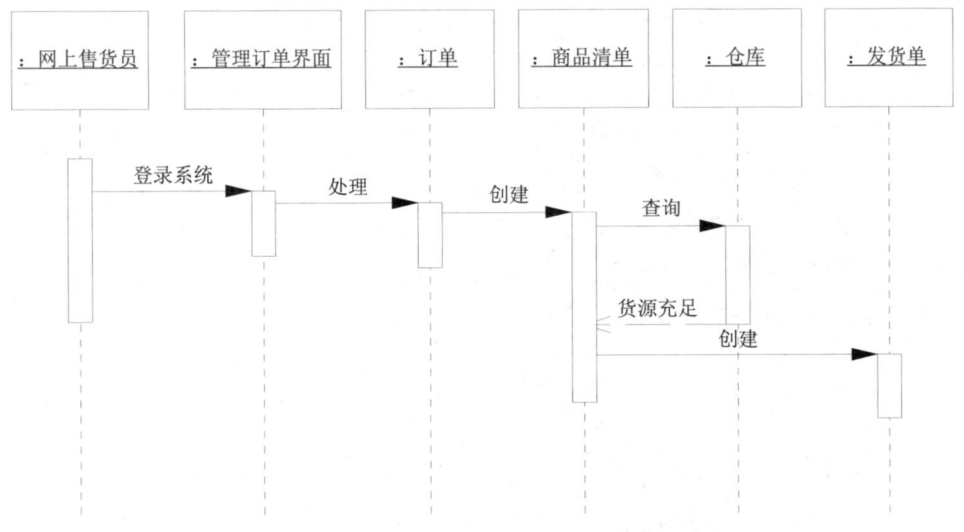

图 5-16　网上售货员管理订单时序图

构建时序图的一般原则如下：

（1）时序图中对整个交互活动初始化的对象放在图的最左面；

（2）交互密切的对象尽可能相邻，可以使画面清晰；

（3）交互中创建的对象应放在其创建的时间点上；

（4）发送和接收消息的对象生命线必须处在激活期；

（5）交互中对象的创建和销毁必须描绘出构造型和标记。

2. 建立通信图

通信图关注对象交互时的架构关系，同时还能准确标示出在该架构中传递的各种关系的层次和顺序。一个结构良好的通信图要能清晰地表示出交互的对象之间的关系和它们之间传递消息的层次和顺序。建立通信图的一般步骤如下。

（1）根据系统用例或具体的场景，确定交互过程中的对象，并将它们添加到通信图中。同样以网上售货员管理订单过程为应用场景，通过分析可以确定在该场景中的对象有“网上售货员”“管理订单界面”“订单”“商品清单”“仓库”和“发货单”，将这几个交互对象添加到通信图中。

（2）根据交互过程中各个对象之间的关系，分析这些对象交互时传递的各种信息，用数字将这些信息的层次和先后顺序表示出来，然后添加到通信图中的相应对象关系上。

根据网上售货员管理订单的流程，“网上售货员”对象要首先向“管理订单界面”对象发送“登录系统”消息。成功登录后，“管理订单界面”对象向“订单”对象发送“处理”消息，然后“订单”对象创建“商品清单”对象。等“商品清单”对象被创建后，向“仓库”对象发送“查询”消息，待“仓库”对象查询结束后，向“商品清单”对象返回“货源充足”消息，随后“商品清单”对象创建“发货单”对象。最终构建的通信图如图 5-17 所示。

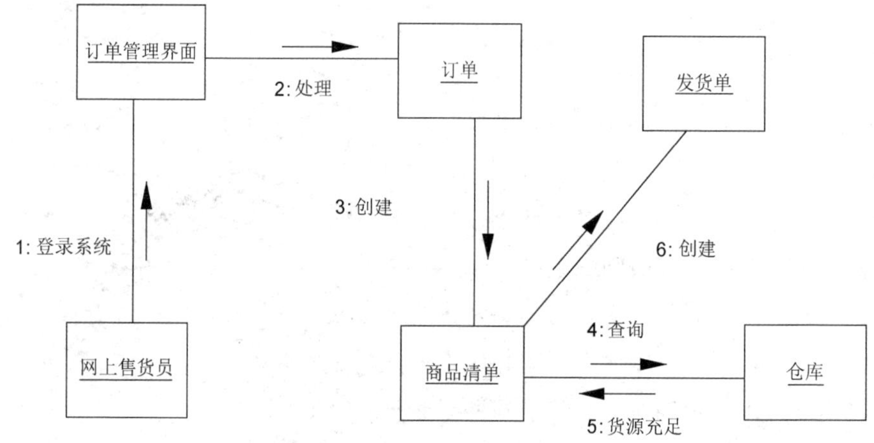

图 5-17　网上售货员管理订单通信图

3. 建立交互概览图

交互概览图关注不同对象交互之间的控制流程，一个结构良好的交互概览图要能清晰地描述出交互片段之间的控制流。建立交互概览图的一般步骤如下。

（1）根据具体分析的场景，确定交互过程中的交互片段。以网上超市购物系统中用户的购物过程为具体分析场景，用户的一个完整购物过程可以分为四个交互片段：用户选择商品确定订单、用户支付、网上售货员生成订单、供货商发货。在用户选择商品确定订单片段中，用户要首先选择商品，然后确定购物清单。在用户支付片段中，用户可以选择在线支付或货到付款。在网上售货员生成订单片段中，网上售货员根据用户购物清单生成送货单。在供货商发货片段中，供货商根据送货单，生成发货单，并将货物配送到用户，从而完成整个购物流程。根据以上分析，人们要使用时序模型来构建这些交互片段。

（2）确定这些交互片段之间的先后控制关系。在以上四个交互片段中，首先要进行用户选择商品确定订单片段，然后进行用户支付和网上售货员生成订单片段，而且这两个片段可以并行进行，最后进行供货商发货片段。

（3）如果需要，使用相关控制节点表示复杂的控制关系。以上四个交互片段的执行不是简单的顺序执行关系，有并发执行片段，所以应用并发控制节点来描述，最终构建的交互概览图如图 5-18 所示。

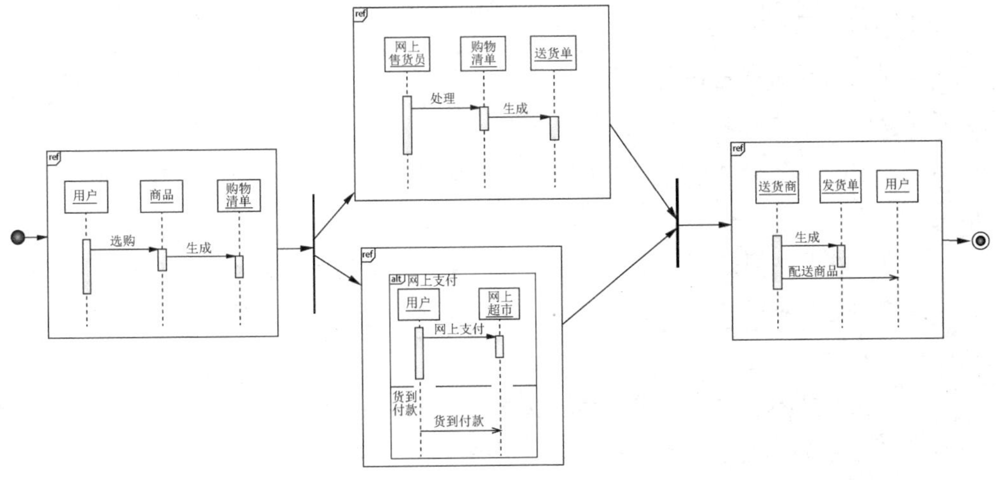

图 5-18　网上购物流程概览图

4．建立定时图

定时图关注交互过程中对象条件或状态变量随时间的变化情况，一个结构良好的定时图要能清晰地描述出对象条件或状态变量在时间坐标轴上的取值情况。建立定时图的一般步骤如下：

（1）根据具体分析的场景，确定定时图需要描述的对象；

（2）确定对象条件或状态变量在对象生命周期内的所有取值情况；

（3）确定对象条件或状态变量的取值情况随时间的变化情况，并在定时图中描述出来；

（4）如果需要，添加造成这些对象条件或状态变量变化的消息描述。

5.7.3 交互模型之间的关系

四种交互模型从不同方面描述了系统对象之间的交互信息，各自关注的焦点不同，其中主要是以时序图为主，其余三个模型做必要的补充。它们之间的相同点是：都共享基本的交互元素的语义模型，只不过是在各自图中的描述方法不同，如对象生命线、消息，时序图、通信图和定时图中都包含对象生命线和消息，但它们的表示方法都不一样。

时序图和通信图是联系最紧密的两种交互模型，在时序图中，消息的先后顺序是通过直观的布局来描述的，而在通信图中，消息的先后顺序是通过数字来表示的。通信图和缺少复杂交互片段描述的时序图之间是可以相互转换的，转换过程中没有语义丢失。

交互概览图主要是用来描述时序图中对象交互的控制流程，在交互概览图中的交互片段和交互应用都是引用某个时序图中的，它是对于展示某个交互过程的有效补充。

定时图中描述时间信息的元素可以添加到时序图中使用，也可以单独构建一个模型描述，它是主要补充某一个时序图中的对象条件或状态变量随时间的变化情况，独自使用的情况很少。

5.7.4 交互模型与概念模型的关系

交互模型主要描述完成系统功能时的系统对象之间的交互信息，交互模型中的对象就是对象概念模型中某个类的实例。交互模型将对象概念图中类的对象在某个场景下的具体交互行为展示出来。不同对象之间的消息传递是对象概念图中类之间关系的详细展示，在通信图中对象之间的关系必须和对象概念图中相应类的关系相同。消息传递时的操作调用则对应对象概念图中类包含的操作的执行。

通过构建交互模型对系统进行行为分析，可以找出系统对象概念模型中的不足，以指导对象概念模型的重构。例如，时序图中一个对象调用另一个对象的操作，那么在对象概念模型中第二个对象所属的类要包含这个操作，如果没有，则要对对象概念模型进行重构，把该操作添加到相应的类中。

5.8　本章小结

在 UML 中，一般采用状态图、活动图和交互图对系统的对象行为进行建模。状态图描述了一个对象在生存周期内的行为、经历的状态序列、引起状态转换的事件及因状态转换而引起的动作。活动图则用于描述系统中一个活动到另一个活动的控制流、活动的序列、工作的流程和并发的处理行为。交互图用来表达对象之间的交互，描述一组对象如何交互来完成某个行为，根据交互图描述的侧重点的不同，交互图分为时序图、通信图、交互概览图和定时图四种。

5.9　习题

1．在 UML 中状态图的表示符都有哪些？它们的语义是什么？

2．状态转换一般由哪些事件触发？

3．状态图中描述同步并发机制的表示符有哪些？说明其执行过程。

4．状态图的建模步骤有哪些？应当注意什么问题？

5．状态图的主要作用是什么？

6．活动图的表示符都有哪些？它们的语义是什么？

7．状态转换和活动迁移有什么不同？

8．活动图中描述同步并发机制的表示符有哪些？说明其执行过程。

9．简述活动图的建模步骤及应当注意的问题。

10．状态图和活动图的区别有哪些？

11．活动图中泳道的含义是什么？

12．时序图、通信图的作用和特点是什么？

13．绘制时序图的步骤是什么？应当注意哪些问题？

14．时序图中消息的种类有哪些？

15．四种交互图的相同点和不同点都有哪些？

16．分别绘制图书管理系统中“学生借阅书籍”之一用例的状态图、活动图、时序图和通信图。

第 6 章

对象功能建模

对象功能建模的任务是从不同层次对系统进行功能设计，是系统分析与设计中十分重要的内容。在需求分析阶段，正确地获取用户对系统功能的真正需求是至关重要的，因此本章主要讨论如何表示、理解和建立对象功能模型，从而获得系统中的用户功能需求。

6.1 功能建模的基本概念

6.1.1 功能模型及其意义

功能是由不同系统层面上相关和相似的基础功能组成的相对封闭的单位。功能模型把基础功能整体归入一个包含不同层面的层次结构中，并展示了功能之间相互的层次关系。功能模型体现了一个外在的或者“黑箱”视图，从一个最终用户观点来理解系统行为。

需求分析阶段的主要目标是开发一个“系统将要做什么”的模型，与“系统怎样去做”无关。需求主要包括三个不同的层次：业务需求、用户需求和功能需求。功能需求是对应用系统功能方面的要求，即系统须完成的功能。这种需求最为常见，对于一般的信息系统，功能需求是必须满足的，如果设计的系统无法满足部分功能，则必然造成需求偏差。功能模型就是描述系统的这些功能需求，通过功能模型使设计人员更好的分析和理解系统的功能需求，从而准确获取系统需求。

功能建模的一般方法有两种：

（1）从上到下的方法，自顶向下，逐步求精；

（2）由下而上的方法，自底向上，综合集成。

在从上到下的方法中，人们设法从一个上级功能出发，分析并推导出其下级功能。由下而上的方法正好相反，人们首先要确定在一个系统中哪些事件可能会出现，在这个基础上编制一个所谓的“事件列表”。事件就是我们所说的活动。如果首次编制“事件列表”就要给每个事件分配一个基础功能。这样就开始了一个修正过程：把大量基础功能排序、分类并根据关联度将其综合起来。这两种方法分别适用于不同的建模场合，对不同的系统分析和决策问题起着各自的作用。另外，也可以从流程或其他模型中推导出功能模型。

当前系统功能建模的主要技术有 IDEF0、DFD 和 UML。IDEF0 是基于结构化分析与设计思想来构建系统功能模型的，它用于描述系统的各个功能模块或活动，以图形表示完成一项功能（活动）所需要的具体步骤、操作、数据要素以及各项具体功能（活动）之间的联系方式。数据流图也是基于结构化系统分析方法，与 IDEF0 不同的是，它是从数据传递和加工角度，以图形的方式来表达系统的逻辑功能、数据在系统内部的逻辑流向和逻辑变换过程。而 UML 则是基于面向对象思想，主要是从用例角度来构建系统功能模型，通过用例图来描述系统功能。

6.1.2　基于 UML 的功能需求分析方法

在 UML 中，功能模型采用用例图描述，它从用户的观点出发来收集需求，其关键是找到系统中的所有用例。每个用例代表用户的一个需求，即系统的一项功能。没有任何一个系统是孤立存在的。每个有意义的系统都会与为了某些目的而使用该系统的人或者自动的参与者进行交互，这些参与者期望系统以可预料的方式运行。一个用例代表一个主题（系统或系统一部分）的行为，是对一组动作序列的描述，主题执行该动作队列来为参与者产生一个可观察的结果值。用例图就是由这些用例构成的，因此用例图可用于捕捉一个系统的功能要求。它可以从执行者的角度来表示功能要求：一个用例是一种使用系统的方式，用户通过与系统的用例交互来与系统交互。

用例图是把应满足用户需求的基本功能（集）聚合起来表示的强大工具，它也是系统既定功能及系统环境的模型，它可以作为客户和开发人员之间的契约。用例是贯穿整个系统开发的一条主线。同一个用例图既是需求工作流程的结果，也可当作分析设计工作流程及测试工作流程的输入使用。

用例建模被应用于分析一个系统的功能需求，即系统须完成的功能。如果设计的系统无法满足部分功能，则必然造成需求偏差。非功能性需求是对应用系统的性能、可靠性、安全性、易用性、高效性、可移植性、可测试性以及模块化等方面的要求。用例建模的目的是捕获系统功能需求，它在系统开发早期的分析阶段进行，以帮助设计人员理解系统的需求，而无须关心这些功能将如何实现。这个过程本质上是迭代的，在整个模型开发过程中，设计人员需要让用户参与讨论，并最终对需求规格说明达成一致意见。

UML 的用例图是建立系统功能模型的合适方法。这是因为功能需求可以很自然地构造为用例，而大多数非功能性需求可具体对应于单个用例，从而也可以在用例上下文中处理。用例提供了一种系统而直观的方法来获取功能需求，特别强调要为每个用户或外部系统提供价值。采用用例需求分析人们可以辨别谁是用户及可以考虑通过用例来完成什么业务或任务。采用用例的更重要意义在于：用例可以驱动整个开发过程。因为大部分获得的分析都是从用例开始的。设计和测试可以根据用例进行规划和协调。由于用例在驱动其他开发过程中的关键作用，使其得到大多数现代软件工程方法的支持和认同。

在面向对象技术中用例分析是一种非常受欢迎的分析方法。它很适合用来发掘系统的需求，并且可将系统的功能清楚的呈现出来。它将分析的重心放在角色及对象之间交互运作的关系上，形成一特定的系统功能或业务流程。人们可以针对这些系统功能或业务流程建立一个用例的模型，反映用户的需求。用例分析可以从系统分析角度进行，也可以从程序设计角度进行。从系统分析角度建模，用例中的对象是实际生活写真的对象，并不是程序意义上的对象。这时，建立的模型是分析模型，主要用于描述系统的需求和功能，以便在分析层面上与用户沟通。从程序设计角度建模，用例中的对象就是程序中的对象。这时，模型就是设计或程序模型，主要用于设计和代码实现。

6.2 UML 用例图表示法

在 UML 中，用例图描述了用例和参与者及其之间的关系，用于捕捉用户需求，反映用户对系统的功能性要求，支持从用户使用角度出发，分析功能需求。用例图中的主要元素包括：角色（参与者）、用例、关系。角色是系统的使用者，描述了与系统相关的外部对象。用例是站在角色角度描述的系统功能。关系主要描述角色之间的关系、用例之间的关系和参与者与用例之间的关系。与所有其他 UML 图一样，用例图也可以包括注释和约束。

6.2.1　角色

1．角色的表示法

用例图中的角色（Actor），也称为参与者，是指与系统互动的外部角色，即与系统交互的人或物，是他们相对系统而言所演的角色。所谓“与系统交互”指的是参与者向系统发送消息，从系统中接收消息，或者是在系统中交换消息。只要使用用例，与系统互相交流的任何人或物都是角色。角色一定在系统之外，并不是系统的一部分，即用例描述的是系统内部的所有功能，角色描述的是系统范围外的一切。因此，尽管在用例图中角色是主要元素之一，但是角色实际上并不是系统的一部分，它们存在于系统之外的周围环境。

在 UML 中，角色的图形化表示方法有两种，一种是图 6-1（a）的人形图形表示法，对于由人扮演的角色多用这种表示方法；另一种是图 6-1（b）的构造型表示法，将角色表示为一个元类型为 Actor 的类，对于系统扮演的角色多用这种表示方法。

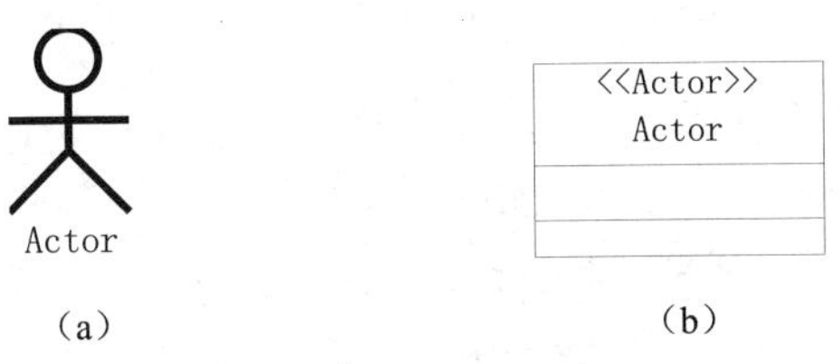

图 6-1　角色表示法

2．角色的种类

角色主要包括三大类：系统用户、时间、与系统交互的其他系统。

1）系统用户

系统用户是最常见的角色，可以是人或物。例如，在商品销售系统中，销售员就是一个角色，商品销售系统是由销售员来下订单的；而在 IC 卡门禁系统中，IC

卡读写器就是一个角色。

一般给这类角色命名时，建议按该角色的作用来命名。实际上在一个系统中一个角色可能有多种作用。例如，一个银行系统中，某柜台人员在其工作时间内作为服务人员，但是当她在该银行系统中办理私人银行业务时，比如存/取款，她就成了客户。因此系统不能按照位置或名字等来命名该类角色，只能按照其作用来命名，这样才可以得到比较稳定的角色。

2）时间

当经过一定时间会触发系统中的某个事件时，时间就成了角色。例如，某商场的销售系统里，每到下午四点实行对折，此时时间不在我们的控制之内，但是它又实实在在触发了系统中的事件，因此时间也是个角色。

3）与系统交互的其他系统

在某航空订票系统中，该系统可能需要与外部应用程序进行交互，如验证信用卡以便来购买飞机票。此时，外部应用程序就是一个角色。

对于一个用例而言，角色可能有多个，按照角色的重要性其通常可分为主要角色和次要角色。

（1）主要角色是指直接与系统交互的实体，或执行系统主要功能的执行者。

（2）次要角色指的是使用系统次要功能的执行者，或者完成维护系统的一般功能的执行者。

主要角色的需求驱动了用例所表示的行为或功能，是从系统获得可度量价值的用户；次要角色在系统中提供服务，且不能脱离主要角色而存在，执行一个动作后，用例给出结果、文档或信息，这些结果、文档或信息的接收者就是次要角色。

角色有个很重要的细节就是它的重数（Multiplicity）。角色的重数表示某个角色中有多少实例。例如，许多人可以起到客户角色的作用，而只有一个人会起到管理者角色的作用。这都可以用重数字段来表示。另外，存在一种抽象角色，这个角色是没有实例的角色，也就是说角色重数为0。例如，你可能有几种角色，如统计工、计时工、合同工和临时工，所有这些都属于一种角色——员工，但是该公司里面没有一个人是单纯的员工，每个人都是计时工、合同工和临时工中的一种，员工角色只是显示计时工、合同工和临时工的一些共性。

3．如何识别角色

建模者要如何正确识别系统功能需求中的角色呢？可以通过回答一些问题来帮助我们发现角色，比如：

（1）使用系统主要功能的人是谁（即主要角色）？

（2）谁安装/启动/关闭这个系统？

（3）需要借助系统完成日常工作的人是谁？

（4）谁来维护系统（次要角色）以保证系统正常工作？

（5）谁会从这个系统获取信息？

（6）谁会给这个系统提供信息？

（7）系统控制的硬件有哪些？

（8）系统需要与哪些其他系统交互？

（9）哪些是对系统产生的结果感兴趣的人或事？

（10）在预先设定的时间到达时，是否有什么事情会自动发生？

（11）当特定的时间或事件发生时，这个系统是否需要自动通知什么人或者其他系统？

6.2.2　用例

1．用例的概念

用例图是从使用者角度给出的系统使用场景的抽象描述，由一组用例组成。用例是在系统中执行的、能够实现系统某种功能的一系列动作。每个用例都是用户使用系统的一个实际的、特定的场景。场景是指系统在某个特定的执行期内所发生的一系列事件，场景是用例一次完整的、具体的执行过程。

通过使用用例观察系统，能够将系统实现与系统目标分开，有助于让开发人员了解最重要的部分——满足用户需求和期望，而不会只注重实现细节。而对于客户来说，通过用例，客户可以了解系统所提供的功能，并提出自己的修改意见，这样就可以先确定系统范围再深入开展项目的实现工作。用例是独立于实现的用户需求，主要体现在以下几方面。

首先，用例独立于实现。定义用例时，用例可以用 Java、C++或者直接是 Word

文档形式来建立。也就是说用例所关注的是系统的功能而不是如何实现这个功能。

其次，用例的集合应让客户易于了解高层的整个系统。如果用例过多，客户就会陷于这些用例之间，所以有时候人们将用例组合成组，以便于组织。

最后，用例关注系统外的用户。每个用例应表示用户与系统间的完整事务，为用户提供一定价值。用例一般按照业务术语来命名，而不是按照技术术语来命名，这样可以让客户一目了然。用例通常用动词或短语命名，以描述客户看到的最终结果。实际上客户并不关心你要面对几个其他系统，要完成哪些具体步骤，他们关心的是系统的最终结果。

另外，还有一种抽象用例，是参与使用或扩展关系的用例。抽象用例不是由角色直接启动，而是提供一些其他功能，让其他用例使用。

2．用例的表示

用例可以理解为系统提供的功能块，它形象地表示了人们如何使用系统。如何确定用例主要就是来确定系统向外部提供哪些功能。例如，一个订票系统可以提供买票、改变订座和取消订座这些功能，这些都可以作为用例，是系统向最终用户提供的功能。在 UML 中，用例用一个椭圆来表示，如图 6-2 所示。

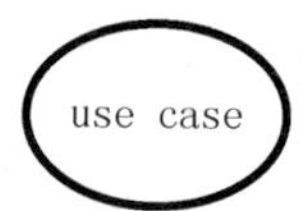

图 6-2　用例表示法

每个用例都有一个区别于其他用例的名字，即用例的名称，一般在椭圆的中间（UML 2.0）或下边（UML 1.0）标明。用例的名称有两种：

（1）简单名，无须或没有标识用例所属的包的名称，如 Deposit Cash。

（2）受限名，标识用例所属的包的名称，如 ATM Machine::Deposit Cash。

用例名可以包括任意数目的字母、数字和大多数标点符号（冒号除外，它用来标识受限名）。在实际应用中，建议用主动语态的动宾短语命名用例。

6.2.3　关系

在用例图的三种关系中，角色之间的关系用来表示不同抽象层次的角色之间的特殊/一般化关系，也称为继承关系。如图 6-3 所示，一个公司可能有两类客户：公司客户和个人客户。这里客户是一个抽象角色，无法直接实例化，而公司客户和个人客户都是具体角色，可以直接实例化。对于角色而言，继承关系的引用可以有效地降低模型的复杂度。

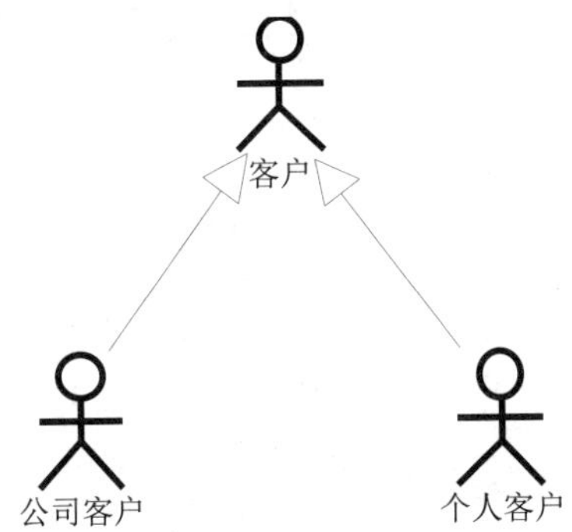

图 6-3　角色之间的继承关系

在用例图中，一个参与者表示用例的使用者在与这些用例进行交互时所扮演的角色，如果用例是由某个角色启动，那么该用例与角色之间存在关联关系，用一根线来表示。如图 6-4 所示，在某单位的销售系统中，销售员和下订单用例就存在关联关系，因为下订单是需要销售员来进行的。一个参与者和用例之间的关联表示两者之间的通信，任何一方都可以发送和接收消息。

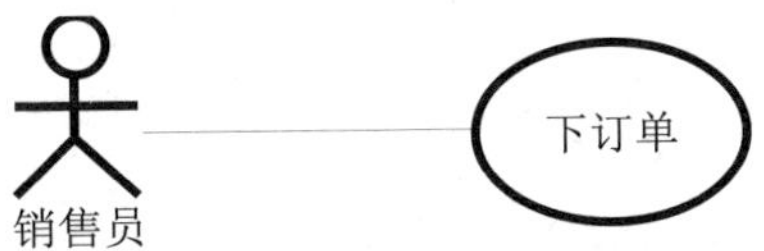

图 6-4　参与者与用例之间的关系

用例之间的关系相对较复杂，也是用例图各种关系中相对重要的关系。一般而言，用例之间存在着三种关系：包含关系、扩展关系和继承关系。

1）包含关系

包含关系使一个用例的功能可以在另一个用例中被使用。这个关系可以将两个以上具有大量一致功能用例的一致功能都集中到另一个用例中，然后这些用例再与这个用例之间建立包含关系。同时，如果一个用例的功能太多，可以应用包含关系用两个小用例来对这个用例进行建模。在 UML 中包含关系显示为虚线箭头上面加上<<include>>，箭头由包含者（基用例）指向被包含者，如图 6-5 所示。被包含的用例（订购产品）不是孤立存在的，它仅作为某些包含它的更大的基用例（下订单）的一部分出现。

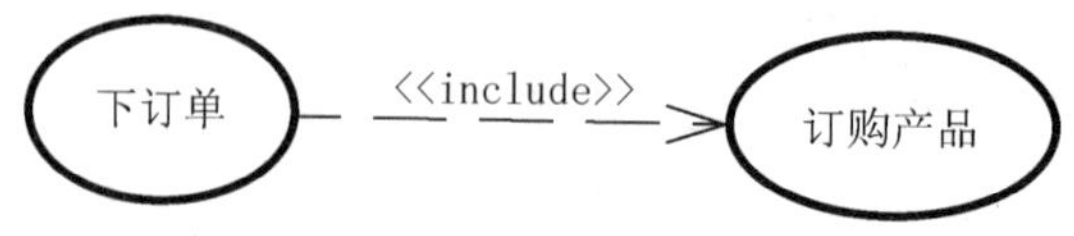

图 6-5　用例之间的包含关系

2）扩展关系

将基用例中一段相对独立并且可选的动作加以封装，再让它从基用例中声明的扩展点上进行扩展，从而使基用例行为更简练和目标更集中。扩展用例为基用例添加了新的行为。扩展用例可以访问基用例的属性，因此它能根据基用例中扩展点的当前状态来判断是否执行自己。但是扩展用例对基用例不可见。在 UML 中扩展关系表示为箭头上面加<<extend>>，箭头是由参与扩展的用例指向被扩展的用例，如图 6-6 所示，图中调阅产品目录用例扩展了下订单用例的功能。

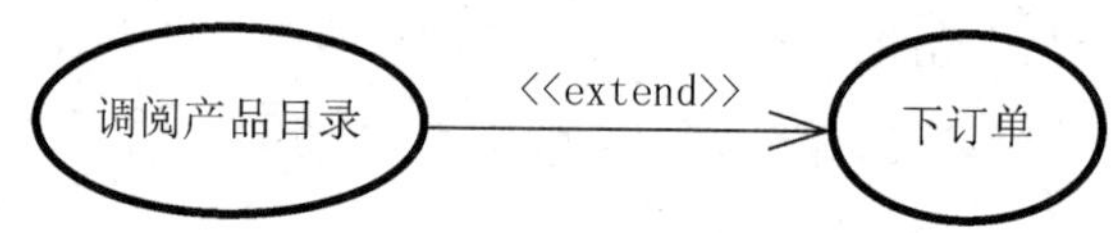

图 6-6　用例之间的扩展关系

3）继承关系

在用例图中，继承关系和类图中的继承关系是一样的。用例之间的继承关系表示了用例与用例之间的特殊/一般化关系，子用例继承了父用例的行为和含义，子用例还可以增加或覆盖父用例的行为，子用例可以出现在父用例出现的任何位置。例如，在图 6-7 中，用例安排付款只定义付款的一般过程，而处理现金付款和处理银行卡付款则是两个子用例，它们分别完成不同情况下的付款工作。

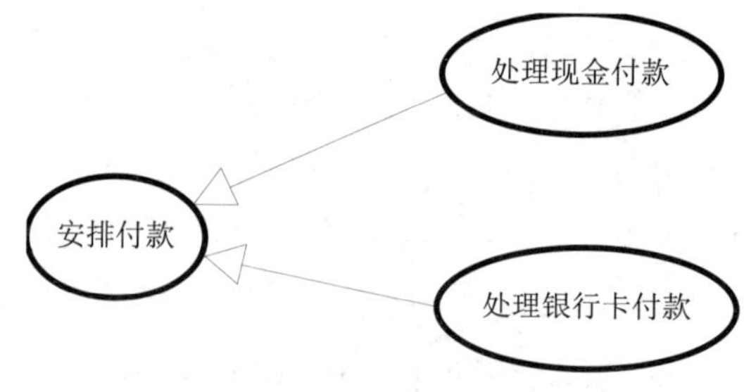

图 6-7　用例之间的继承关系

6.3　UML 用例图建模

6.3.1　用例模型的作用

用例模型是把满足用户需求的基本功能聚起来的强有力工具。对于正在构造的新系统，用例模型描述系统应该做什么；对于已构造完毕的系统，用例模型则反映了系统能够完成什么样的功能。用例模型也就是系统的用例图。用例图在建模过程中居于非常重要的位置，影响系统中其他视图的构建和解决方案的实现。

在用例模型中，系统被看作是实现各种用例的“黑盒子”，我们只关心该系统实现了哪些功能，并不关心其内部的具体实现细节。用例模型在工程开发初期进行系统需求分析时作用很大，通过用例模型的分析描述使得开发者明确了需要开发的系统功能。

用例图可以用来为系统的静态用例视角建模。静态用例视角体现了系统的行为，即系统提供的外部可见服务。用例图可以被用来完成以下功能。

1）为系统的上下文建模

在 UML 中，用例图可以用来为系统的上下文建模。为系统的上下文建模涉及为整个系统建立边界，这个上下文定义了系统存在的环境。在建立用例图时，首先要确定围绕系统的所有参与者，确定参与者是很重要的，因为这样就确定了与系统交互作用的一类事物。

为系统上下文建模时，需完成如下内容：

（1）确定围绕系统的参与者；

（2）将彼此类似的参与者组织在类属关系中；

（3）为了增强理解，可以为每个参与者提供原型；

（4）规定每个参与者到系统用例的通信路径。

2）为系统的需求建模

需求定义了用户期望系统做什么。需求的表达可以有很多方式，如从非结构化的文本到形式化语言的表达式。系统的全部或大部分功能需求可以表达为用例，UML 用例图对于管理这些需求是很重要的。为系统的需求建模只涉及规定系统应该做什么，而不涉及系统应该怎样实现这些行为，即用例图用来定义系统的行为，而不是系统行为的实现。

在为系统的需求建模时，需完成如下内容：

（1）确定环绕系统的参与者，从而建立系统的上下文；

（2）考虑每个参与者所期望的或要求系统提供的行为；

（3）抽取常见的行为作为用例；

（4）确定被其他用例使用的用例或用来扩充其他用例的用例；

（5）在用例图中描述抽取出来的用例、参与者及它们之间的关系；

（6）用描述非功能性需求的注释点缀用例图。

用例模型可以被各类不同的人员使用。客户或最终用户使用用例模型，是因为它详细说明了系统拥有的功能且描述了系统的使用方法，这样当客户选择执行某个操作之前，就能知道模型工作起来是否与他的愿望相符合。开发者使用用例模型，因为它可以帮助开发者理解系统应该做些什么工作，为其将来的开发工作奠定基础。系统集成和测试人员使用用例模型，因为它可用于验证被测试的实际系统与其用例图中说明的功能是否一致。此外，设计市场销售、技术支持和文档管理这些方面的人员，也同样关心用例模型。

6.3.2 理解用例模型

在掌握了用例的基本概念及它们的 UML 表示法之后，本节以某单位销售系统的局部用例模型为例（如图 6-8 所示），说明如何理解用例模型。系统的功能是：在提供客户数据的情况下，订购某产品，并安排付款，并且为了方便其他用户（如经理）查看，系统还应当给这些用户提供调阅产品目录的功能。

1. 系统边界

从图 6-8 中可以看到 6.2 节介绍的用例图基本元素：角色、用例以及各种关系。此外，图 6-8 中还有一个方框，所有的用例都在这个方框之内，这个方框还有一个名字：某单位销售系统，在 UML 中，这个方框称为“系统边界”，也叫作“系统范围”，用于定义系统的界限，从而能够清晰地表述出正在开发的系统的范围。显然，系统的用例都置于其中，而角色则置于边界之外。

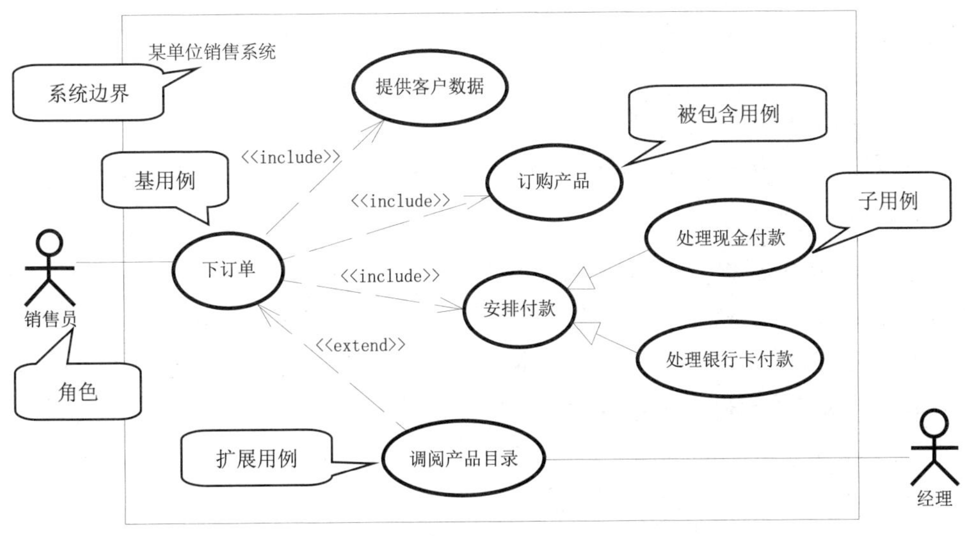

图 6-8　用例图示例

2．事件流

用例之间的包含和扩展关系是分解及组织用例的有效工具，但是表面上看它们有相似之处，初学者很容易混淆，这里我们可以从事件流的角度更深入地理解两者之间的区别。

一个用例是一个事件流的集合，事件流描述执行用例功能的具体步骤。事件流是从用户角度出发，关注系统干什么，而不是关心系统怎么干这项任务。事件流描述的内容包括：用例如何开始、用例的各种路径、用例的正常（主）流程、用例主事件流（其他事件流）的变形、错误流、用例如何结束等。

事件流分为基本事件流（主事件流）、扩展事件流（其他事件流）、错误事件流。

（1）基本事件流是正常情况下用例工作的路径，比如买票时，基本事件流应该是顺利买票。

（2）扩展事件流是从基本事件流分支出来的，但不是错误条件。比如商场中的顾客用银行信用卡购物，可能会发生信用卡无效，甚至有时候发生顾客的银行卡余额不够购买商品的情况，这些情形都应该是系统能够处理的合法情形，而不是系统发生的错误。

（3）错误流表示错误条件。例如，在商场中顾客用信用卡来购物，结果系统无法来验证信用卡，错误流是系统本身的问题。

用例之间的包含关系和扩展关系的事件流是不同的。

1）包含关系

在图 6-8 中，用例“下订单”包含了用例“提供客户数据”。可以设想，当销售员下订单时，显然需要知道客户的有关信息（是公司客户还是个人客户、地址、电话等），这两个用例的事件流执行顺序如图 6-9 所示。在包含关系中，被包含的用例不是独立存在的，它仅作为某些包含它的更大的基用例的一部分出现，执行基用例（图中的下订单）的某一位置时，必定执行其包含的用例（图中的提供客户数据），且执行完后被包含用例将返回到包含它的基用例。

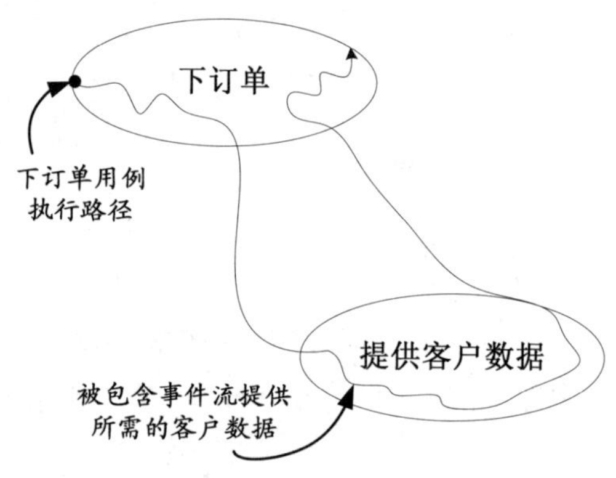

图 6-9　包含关系的事件流执行顺序

2）扩展关系

在图 6-8 中，用例调阅产品目录是基用例下订单的一个扩展。可以设想，当销售员下订单时，其他用户（如经理）既可能没有查阅产品目录的要求，也可能需要查阅产品目录。因此，用例调阅产品目录中的事件流不是在每次下订单时都会发生，这两个用例的事件流执行顺序如图 6-10 所示。在扩展关系中，基用例可以独立于扩展用例存在，只有在特定的情况下，它的行为可以被另一个用例的行为扩展，且执行完扩展用例后无须返回基用例。

3．示例模型的理解

图 6-8 描述了某单位的销售系统对某产品下订单描述的全貌。图中定义了销售员、经理 2 个角色；下订单、提供客户数据、订购产品、调阅产品目录等 7 个用例，

其中下订单是基用例。

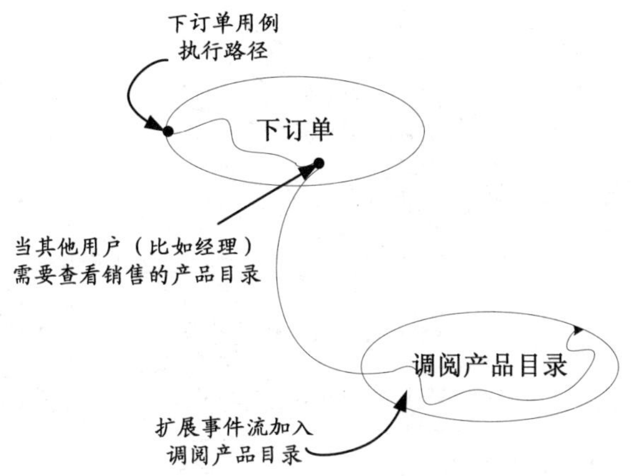

图 6-10　扩展关系的事件流执行顺序

销售员启动“下订单”用例（角色和用例之间的关系），在“下订单”用例的执行过程中，需要“提供用户数据”“订购产品”并“安排付款”3 个被包含用例（用例之间的包含关系）。

如果在下订单的过程中，有其他用户需要了解该单位的所有产品情况，可以查阅产品目录，这样就将启动扩展用例“调阅产品目录”（用例之间的扩展关系）。

当销售员启动“安排付款”用例时，有两种付款方式，即定义了两种用例：一个是“处理现金付款”，另一个是“处理银行卡付款”（用例之间的继承关系）。

6.3.3　建立用例模型

本节以一个示例介绍用例建模的一般步骤。用例是一种需求的合成技术，而不是一种需求分解的技术。因此，在绘制用例图之前，首先通过传统的需求获取技术来捕获需求，然后再利用用例分析技术来合并、整理，用例建模过程如图 6-11 所示，它们具体分为需求分析、划分系统界限、识别参与者、识别用例、绘制用例图、细化用例描述等步骤。

1. 需求分析

满足某个或某些业务需求是一个系统的本质，而进行需求分析是为了理解、整理、合并用户需求，从而人们能够在理解需求的基础上，绘制出系统的蓝图，以便统一认识。

图 6-11 用例建模过程

假设某大学希望开发一个在线选课系统，通过一些简单的沟通，我们得到了以下一些简要的需求描述。

在线选课系统是某大学建设数字化校园的一个重要内容，本校学生以学号为用户名登录该系统后，可以查看学校开设的所有课程及其相关的介绍，包括课程内容、课时、学分、授课教师等信息。学生可以在线查看自己已经选择的课程，并可在学校制定的培养方案的基础上选择一些自己感兴趣的课程，此外系统还应支持学分的统计、登录密码的修改等功能。

建模者首先需要正确地记录需求，需求特征表模板是记录需求特性的一种有效的方法。表 6-1 是在线选课系统的部分需求特性表。

表 6-1 在线选课系统需求特性表

编 号	说 明
FEAT01	登录系统
FEAT02	查看学校目前开设的所有课程信息
FEAT03	按学院/专业查看开设课程
FEAT04	查看课程介绍，包括课程内容和学时
FEAT05	查看授课教师，包括教师情况简介
FEAT06	查看授课时间
FEAT07	查看授课地点
FEAT08	查看培养方案
FEAT09	增加新的必修课
FEAT10	增加新的选修课
FEAT11	取消课程
FEAT12	查询已选课程

续表

编　号	说　明
FEAT13	统计学分
FEAT14	修改登录密码
FEAT15	退出系统

2. 划分系统界限，识别参与者

划分系统界限，就是先划定一个系统范围，稍后再进一步推敲系统范围内该做的细节，具体的做法就是：向系统内找用例，向系统外找参与者。

先找参与者还是先找用例？一般而言，还是先找参与者，这主要出于以下原因。

（1）识别参与者的难度比直接识别用例要小。参与者是位于系统外部的用户、其他系统、硬件设备等，一般而言是非常明确的人或物，找起来相对容易。而用例位于系统内部，可多可少、可大可小、能简能繁、或明或暗，所以识别用例比识别参与者复杂得多。

（2）参与者会启动、参与用例，因此找到一个参与者就可以引导建模者找到一系列与其关联的用例。

（3）参与者是系统外部的事物，找到参与者后，才能从参与者角度寻找用例。如果跳过参与者，直接寻找用例，就很容易陷入开发人员的角度，难以正确识别用例。

一般可以通过检查以下信息源来寻找参与者。

（1）已有的上下文关系图（表示系统范围）及其他相关模型：它们描述了系统与外部系统的边界，从这些图中可以寻找出与系统有交互关系的外部实体。

（2）项目相关人员分析：对项目的相关人员进行分析就能够得出哪些人将会与系统进行交互。

（3）书面的规格说明和其他项目文档（如会谈备忘录等）。

（4）需求研讨会和联合应用开发会议的记录：这些会议的参与者通常是很重要的，因为他们在组织中所代表的角色就是可能与系统发生交互的参与者。

（5）当前过程和系统的培训指南及用户手册：这些东西中经常会有潜在参与者。

（6）虽然不需要构建参与者，但是却需要考虑界面。系统需要提供界面让参与者使用，或者系统需要使用到参与者提供的界面。

在确定具体的参与者时，可以通过 6.2.2 所述的问题来帮助分析。在本节示例

“某大学在线选课系统”中，参与者只有一个，即某大学的“学生”。

3. 识别用例

将参与者都找到后，接下来就是仔细地检查参与者，为每一个参与者确定用例。其中的依据主要是已经获得的“特征表”，合并需求特征，得到用例。

（1）将特征分配给相应的参与者。首先要将这些捕获到的特征分配给与其相关的参与者。在本例中，所有的特征只与一个参与者有关。

（2）进行合并操作。在合并之前，还要明确为什么要合并，知道了合并的目的，就会使我们选择正确的合并操作。用例是系统的一项行为，它能够生成对参与者来说可见的价值结果，因此合并的根据就是使其能够组合成一个可见的价值结果。这里有以下两个重点。

① 用例是系统的行为，它包含着时间的概念，它会花费一段时间，具有一个执行过程。因此，建模时要特别注意它所经历的一连串操作，这一连串操作，正是参与者与系统之间的互动。

② 用例不仅能够，同时也必须生成可以供参与者评价的服务或结果。也就是说，用例执行结束时，必须有一项明确的结果，并且参与者要能够接受这项结果。

合并后，将产生用例，用例的命名应该注意采用动宾结构，而且最好能够对其进行编号，这也是实现跟踪管理的重要技巧，通过编号可以将用户的需求落实到特定的用例中去。在“某大学在线选课系统”中，将特性合并成用例后如表 6-2 所示。

表 6-2　特性合并成用例

编　号	说　明	用　例
FEAT01	登录系统	UC.01 登录系统
FEAT02	查看学校目前开设的所有课程信息	UC.02 查看开设课程
FEAT03	按学院/专业查看开设课程	
FEAT04	查看课程介绍，包括课程内容和学时	UC.03 查看课程信息
FEAT05	查看授课教师，包括教师情况简介	
FEAT06	查看授课时间	
FEAT07	查看授课地点	
FEAT08	查看培养方案	UC.04 查看培养方案
FEAT09	增加新的必修课	UC.05 增加课程
FEAT10	增加新的选修课	

续表

编　号	说　明	用　例
FEAT11	取消课程	UC.06 取消课程
FEAT12	查询已选课程	UC.07 查询已选课程
FEAT13	统计学分	UC.08 统计学分
FEAT14	修改登录密码	UC.09 修改密码
FEAT15	退出系统	UC.10 退出系统

4. 绘制用例图

合并出用例图后，还需要对用例之间的关系进行分析，用扩展、包含、继承等关系来组织它们。例如在本例中：

（1）用例查看开设课程与查看课程信息之间存在包含关系，在这个系统中查看课程信息是查看开设课程的一个部分；

（2）用例增加课程和查看培养方案之间存在扩展关系，也就是说，在修改课程之前学生可以根据需要查看培养方案，确定课程方案是否符合学校的规定要求。

通过以上分析，可以绘制出“某大学在线选课系统”的用例图，如图 6-12 所示。

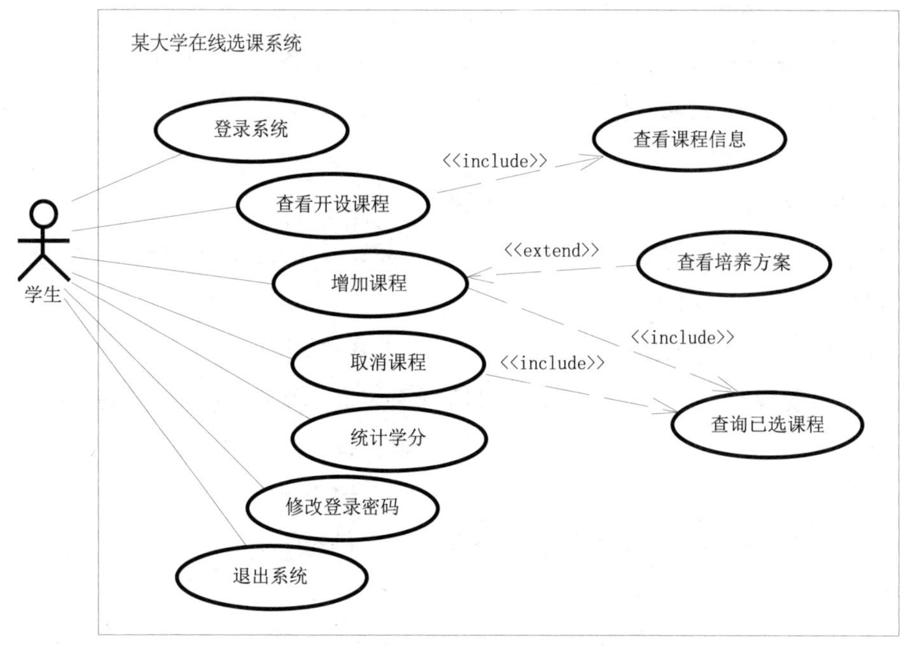

图 6-12　某大学在线选课系统用例模型

5. 细化用例描述

图 6-12 有很多细节信息都没有明确地表示出来，只是勾勒了一个大致的系统功能轮廓，这样对于软件开发活动而言是不够充分的。因此，一个完整的用例模型不仅包括用例图，还应包括用例描述部分。前面的工作是一个好的开端，细化用例描述则是重要的一环，也是用例发挥作用的关键，具体有以下几个方面。

1）框架描述

用例的框架描述包括：用例名称、简要说明、事件流（基本事件流、扩展事件流）、非功能需求、前置条件、后置条件、扩展点、优先级等。下面是示例“某大学在线选课系统”中增加课程用例的框架描述示例：

1. 用例名称：增加课程（UC05）
2. 简要说明：录入新的课程信息，并自动存储建档
3. 事件流：
   3.1 基本事件流
   3.2 扩展事件流
4. 非功能需求
5. 前置条件：用户进入在线选课系统
6. 后置条件：完成新的选课方案的存储建档
7. 扩展点：无
8. 优先级：最高（满意度 5，不满意度 5）

在最初的迭代中，应该对每个用例都写出框架描述。在框架描述阶段，在填写各个部分时，应注意以下几个要点。

（1）用例名称。应该与用例图相符，并写上其对应的编号。

（2）简要说明。对该用例对参与者所传递的价值结果进行描述，应注意语言要简要，使用用户能够阅读的自然语言。应包括执行用例的不同类型用户和通过这个用例要达到的最终结果。随着项目的进行，这些用例描述有助于开发小组记住项目中每个用例的意义和作用，还有助于建立目的明确的用例，防止小组成员的混淆。

（3）前置条件。其是执行用例之前必须存在的系统状态，主要是列出用例工作

之前所必须满足的条件。有些情况下前置条件可能是另一个用例已经执行或用户具有运行当前用例的权限。但是需要提醒的是并不是所有的用例都有前置条件。

（4）后置条件。其是用例执行完毕后系统可能处于的一组状态，即用例执行完后必须为真的条件。和前置条件一样，后置条件可以增加用例顺序方面的信息。例如，如果一个用例运行之后必须启动另一个用例，则可以在后置条件中说明这一点，但是并不是每个用例都有后置条件。

（5）扩展点。文字描述一个正常动作序列的扩展，如果包括扩展或包含用例，则写出扩展或包含用例名，并说明在什么情况下使用。

（6）优先级。其可以说明用户对该用例的期望值，从而为今后的开发制定先后顺序。可以采用满意度/不满意度指标进行说明，其中满意度的值为 0～5，用来表明如果实现该功能，用户的满意程度；而不满意度的值也为 0～5，用来表明如果不实现该功能，用户的不满意程度。

2）细节描述

这个阶段开发人员的主要工作就是通过与客户的交流总结将事件流进行细化。在实际的开发工作中，要不要对一个用例进行细化、细化到什么程度主要根据项目迭代的计划来决定。如本例中，细化的事件流描述如下所示：

……

3. 事件流：

3.1 基本事件流

（1）学生向系统发出“修改课程”请求

（2）系统要求学生选择要增加的课程是必修课还是选修课

（3）学生做出选择后，显示相应界面，让学生输入课程名称

（4）系统确认输入的课程在该生培养计划中没有重名

（5）系统将选课信息存储建档

3.2 扩展事件流

（4a）如果输入的课程有重名现象，则显示出重名的课程，并要求学生重新输入课程名称或取消输入

（4a1）学生选择取消输入，则结束用例，不做存储建档工作

（4a2）学生选择重新选课后，转到（4）

4. 非功能需求：无特殊要求

……

在编写这样的用例事件流时，为了使读者能够更加清晰地了解其所表达的含义，应该注意以下几点。

（1）使用简单的语法，主语明确，语义易于理解。

（2）明确写出“谁控制”，也就是在事件流描述中，让读者直观地了解是参与者在控制还是系统在控制。

（3）从俯视的角度来编写。指出参与者的动作，以及系统的响应，也就是从第三者观察的角度来编写。

（4）显示过程向前推移，也就是每一步都有前进的感觉（例如，用户按下 tab 键作为一个事件就是不合适的）。

（5）显示参与者的意图而非动作（如果只描述了动作，人们不能够很容易地直接从事件流描述中理解用例）。

（6）包括“合理的活动集”（带数据的请求、系统确认、更改内部、返回结果）。

（7）用“确认”而非“检查是否”，如“系统确认所输入的信息中课程名未有重名”。

（8）可有选择地提及时间限制。

（9）采用“用户让系统 A 与系统 B 交互”的习惯用语。

（10）采用“循环执行步骤 x 到 y，直到条件满足”的习惯用语。

6. 用例建模的注意事项

用例描述的是一个系统做什么的信息，并不说明怎么做，怎么做是设计模型的事。用例建模的目的是构建结构良好的用例，用例建模的注意事项主要有以下几方面。

（1）为系统和部分系统中单个的、可标识和合理的原子行为命名。

（2）将公共的行为抽取出来，放到一个被包含用例中，再将它<<include>>进来。

（3）对于变化部分，将其抽取出来，放到一个扩展用例中（用<<extend>>连接）。

（4）清晰地描述事件流，使读者能够轻而易举地理解。

（5）构建结构良好的用例图，摆放元素时，应该避免交叉线的出现；对于语义上接近的行为和角色，最好使它们在物理上也更加接近。

（6）根据系统实际情况控制粒度。

（7）当某个事件流片段在多个用例中出现时，应当将这个事件流片段抽取出来，放在一个单独的用例中，这样既可以简化基用例的事件流描述，又可以使得整个系统的描述更加清晰。

（8）每个参与者都应该有单一的、一致的目的。如果某个真实世界的对象体现了多种目的，就要分别用单个参与者来捕获它们，参与者要根据系统来定义。

（9）对于用例涉及的非功能性需求，由于其很难在事件流中进行描述，因此需单独对其进行描述。这些需求通常包括法律法规、应用程序标准、质量属性（可用性、可靠性、性能、支持性等）、兼容性、可移植性及设计约束等方面的需求。在这些需求的描述方面，一定要注意使其可度量、可验证，否则就容易流于形式，形同摆设。

6.3.4　描述用例细节

1. 文字形式的用例细节描述

在上一节我们曾说过，用例图可以描述系统的功能作用，但是要实际建立系统，只有用例图是不够的，还需要更具体的细节描述，这就是所谓的情景描述。对一个用例进行细节描述，最普通也是最常见的方法还是文字形式，既可以采用 6.3.3 节的纯文本形式，也可以采用表 6-3 的表格形式。

表 6-3　用例规格描述表

<table>
<tr><td>用例编号</td><td colspan="2">[为用例制定一个唯一的编号，通常格式为 UCxx]</td></tr>
<tr><td>用例名称</td><td colspan="2">[应为一个动词短语，让读者一目了然地知道用例的目标]</td></tr>
<tr><td>用例概述</td><td colspan="2">[用例的目标，一个概要性的描述]</td></tr>
<tr><td>范围</td><td colspan="2">[用例的设计范围]</td></tr>
<tr><td>主参与者</td><td colspan="2">[该用例的主要 Actor，在此列出名称，并简要的描述它]</td></tr>
<tr><td>次要参与者</td><td colspan="2">[该用例的次要 Actor，在此列出名称，并简要的描述它]</td></tr>
<tr><td rowspan="3">项目相关方
利益说明</td><td>项目相关人</td><td>利益</td></tr>
<tr><td>[项目相关
人员名称]</td><td>[从该用例获取的利益]</td></tr>
<tr><td>……</td><td>……</td></tr>
</table>

续表

前置条件	[即启动该用例所应该满足的条件]	
后置条件	[即该用例完成之后，将执行什么动作]	
成功保证	[描述当前目标完成后，环境变化情况]	
基本事件流	步骤	活动
	1	[在这里写出触发事件到目标完成及清除的步骤]
	2	……(其中可以包含子事件流，以子事件流编号来表示)
扩展事件流	1a	[1a 表示是对 1 的扩展，其中应说明条件和活动]
	1b	……(其中可以包含子事件流，以子事件流编号来表示)
子事件流	[对多次重复的事件流可以定义为子事件流，这也是抽取被包含用例的地方]	
规则与约束	[对该用例实现时需要考虑的业务规则、非功能需求、设计约束等]	

2. 描述用例细节的其他模型

用例细节的描述实际上就是事件流描述。通过文本形式来建立用例的细节描述是最常见的方法，它直观、易懂、便于和用户沟通。但是，随着描述说明复杂度的提高，各种条目之间的关系和信息交互将会变得越来越让人难以理解。此外，文字描述特有的歧义性和非规格化也会给开发工作带来一定的困扰。因此，还可以通过建立时序图、状态图和活动图等手段进行用例的情景描述。

1）为用例建立时序图

用例描述了系统如何与外部参与者交互，是较高抽象层次上的交互建模。时序图则提供了更多细节，并显示一组对象之间随着时间变化所交换的消息。消息包括异步信号和过程调用。时序图擅长显示系统用户所观测到的行为序列。时序图可以描述用例和执行者之间的交互，有利于分析人机交互的应用场景，验证系统需求的有效性和完整性，描述系统运行过程中对象之间的交互顺序，捕捉系统运行过程中对象之间的交互信息。

每个用例需要一张或多张时序图来描述其行为。每张时序图显示用例的一个特定行为序列。时序图增加了细节，并详细描述了用例的非正式主题。下面这些准则将有助于创建时序图。

（1）至少为每个用例编写一种场景。场景中的步骤应该是逻辑命令，而不是单次的按钮单击。接下来，在实现过程中，我们可以确定输入的确切语法。从简单的主线交互开始，主线交互中没有重复，只有一项主要活动及所有参数都是典型的取值。如果有大量不同的主线交互，就要为每一个都编写一种场景。

（2）把场景抽象成时序图。时序图清晰地显示了每个参与者的贡献。重要的是在组织对象行为的开始时，要分离每个参与者的贡献。

（3）划分复杂的交互。把大型交互划分成各个组成的任务，并为每一项任务绘制一张时序图。

（4）为每种错误条件绘制一张时序图，显示系统对于错误条件的响应。

以示例“某大学在线选课系统”中用例“增加课程”为例，可得到如图 6-13 所示的时序图。当人们完成时序图的绘制后，即可以通过建模工具来自动生成对应的通信图。

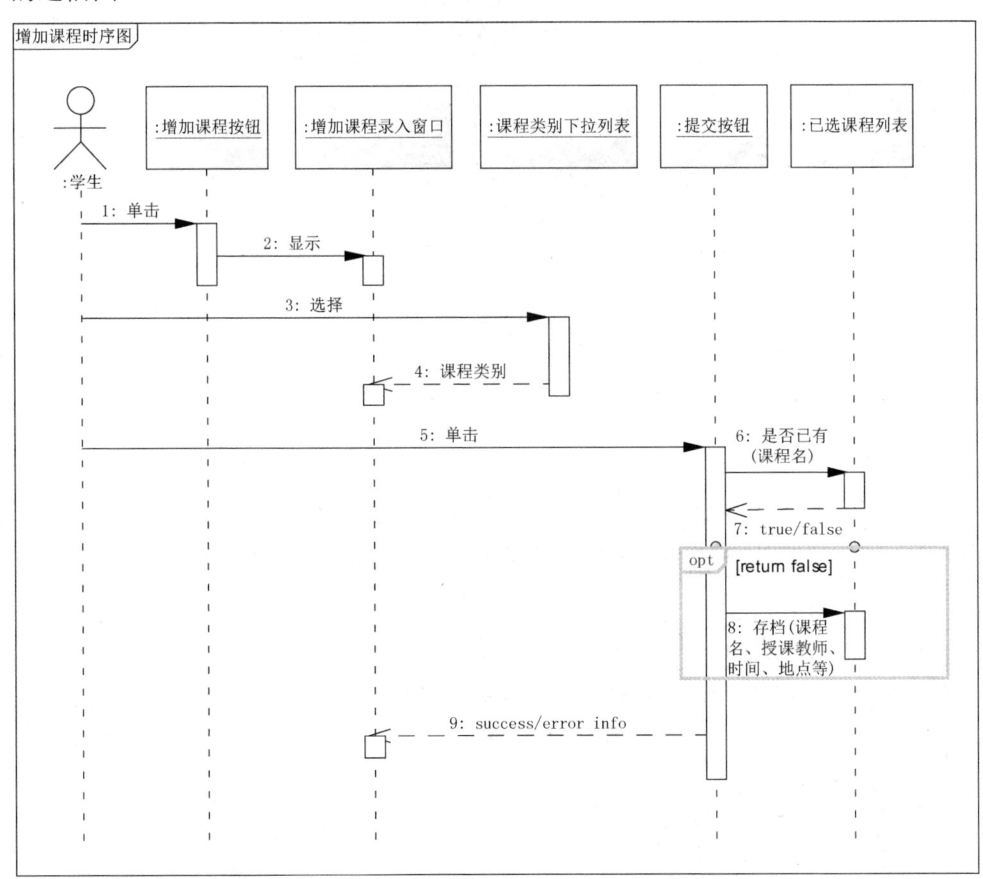

图 6-13　用例“增加课程”的时序图

2）为用例建立状态图

状态图用于捕捉和分析某个对象内部状态变化的过程，这个对象可以是一个类、一个用例或者整个系统的实例的生命周期。状态图能够更好地体现用例的事件控制流，从而使人们在开发时能够更好地理解用例的动态特性，以及状态变迁时相应的操作过程。在示例“某大学在线选课系统”中用例“增加课程”的状态图如图 6-14 所示。

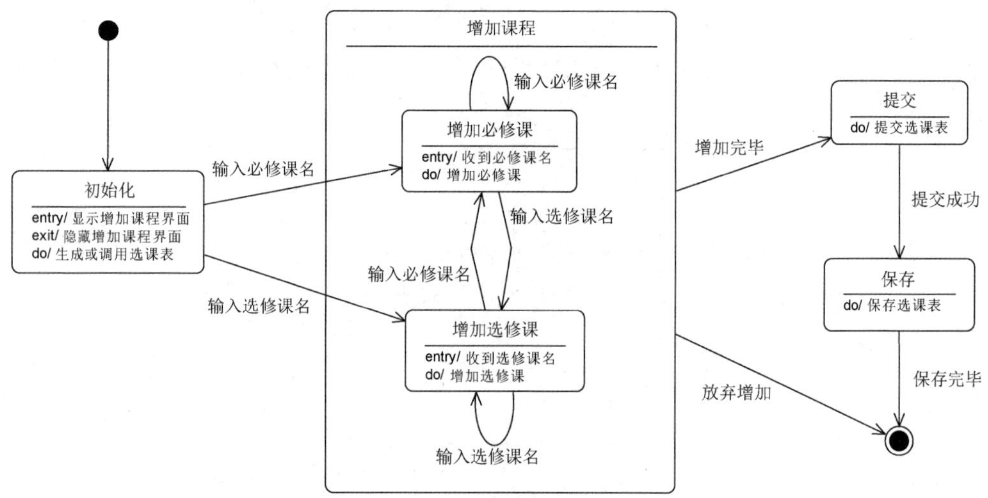

图 6-14　用例“增加课程”的状态图

3）为用例建立活动图

活动图是 UML 中对于系统的动态方面进行建模的视图模型。从本质上说，其类似于流程图，展现从活动到活动的控制流。与传统的流程图不同的是，活动图能够展示并发和控制分支。

活动图用于捕捉和描述实现世界或系统世界的动态行为模式。概括地说，活动图是由活动节点和转换流程构成的图，显示了控制流（也可能是数据流）在计算过程中所需要的步骤。活动图可简单也可复杂，使用灵活，容易理解，适合用来跟一般的客户沟通和确认流程。

活动图能够使人们详细理解用例的动态特性，与状态图不同，它着眼于从活动到活动的控制流。此外，活动图还有利于帮助寻找用例。在示例“某大学在线选课系统”中用例“增加课程”的活动图如图 6-15 所示。

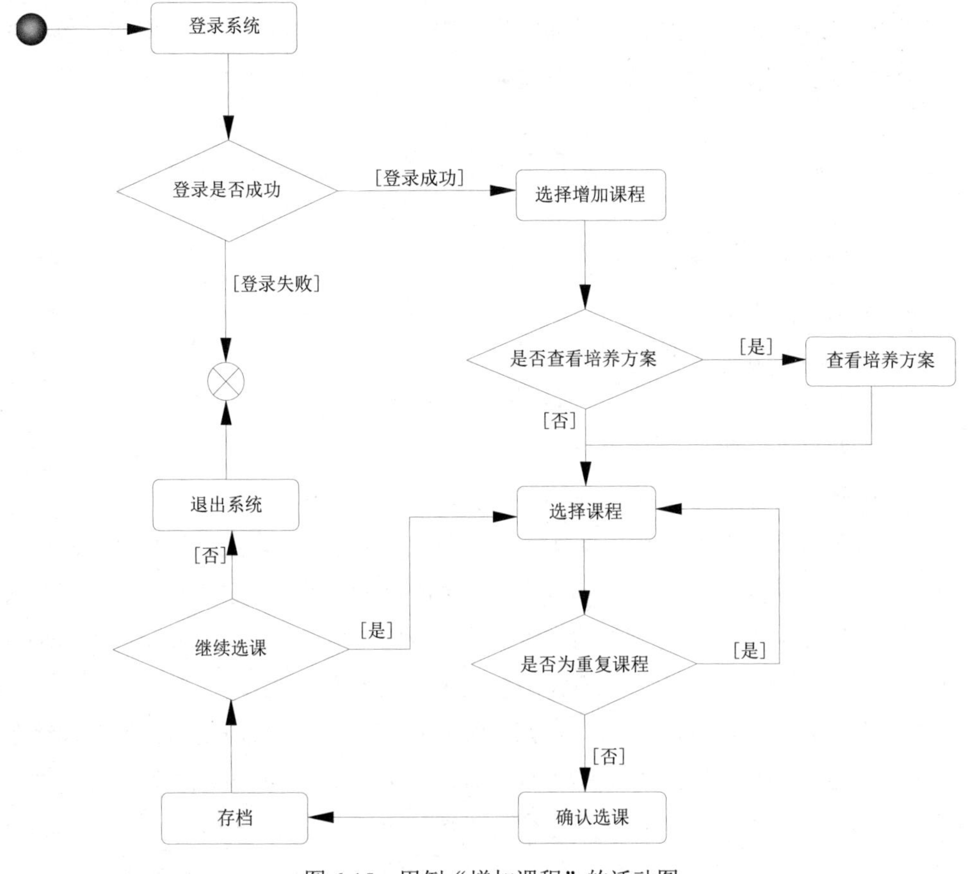

图 6-15　用例“增加课程”的活动图

6.4　本章小结

本章首先介绍功能建模的基本概念，包括功能模型及其意义，基于 UML 的功能需求分析方法；从软件需求实践引出了用例建模的重要性，介绍了用例模型产生的背景。用例模型用于需求分析阶段，它描述了待开发系统的功能需求，并推动了需求分析之后各个阶段的开发工作进程。然后详细介绍了用例图的语义和功能，描述了如何识别参与者、用例、用例之间的关系，如何使用事件流描述用例；说明了用例间的包含，扩展，继承关系的语义、功能和应用；结合一个“某单位销售系统”的用例图讲解了阅读用例图的方法。最后借助一个“某大学在线选课系统”详细介绍了用例建模的一般步骤，从记录需求到识别参与者、合并需求生成用例到最后的细化用例描述，都进行了详尽描述与说明。

6.5 习题

1．用例与用例图有哪些区别？

2．用例图说明了什么？

3．用例图的基本元素是什么？

4．什么是参与者？如何确定参与者？

5．用例表示什么？

6．用例之间有哪几种关系？请解释这些关系。

7．某公司员工中可能有几种角色：统计工、计时工、合同工和临时工。所有这些都属于一种角色——员工。但是该公司里面没有一个人是单纯的员工，每个人都是计时工、合同工和临时工中的一种。员工角色只是显示计时工、合同工和临时工的一些共性。建立以上五个角色在用例图中的关系模型。

8．给出下述问题的用例模型，分析用例的事件流，并采用活动模型图描述用例中的事件流，注意描述每个活动的对应事件、条件以及相应的动作。

有一个脑筋急转弯问题：一个老翁要用唯一的一条船将一袋粮食、一只鹅和一只狐狸运过河。船只能装载一件货物。老翁遇上的麻烦是，如果鹅与狐狸单独放在一起则狐狸要将鹅吃掉，如果鹅与粮食单独放在一起则鹅要将粮食吃掉。试为老翁要设计一个程序，求得过河的方案，使得一件东西都不会损失。本题只要求从需求分析角度在抽象层次上描述问题的需求模型。

9．以下是一栋楼里电梯系统的介绍。

除第 1 层外，各楼层需设置两个按钮↑（UP）和↓（DOWN）（第 1 层只设置↑）及一个显示电梯所在楼层的指示灯（INDICATION）。按钮↑和↓的功能描述为：当电梯处在静止态，即没有任何任务未完成时（设正停在第 A 层），当乘客按下第 B 层↑或↓按钮后，若 $B=A$，则打开电梯门，让用户进入电梯，当用户按下楼层按键后，相应转入上升态或下降态；若 $B\neq A$，则电梯向第 B 层运动，相应的转入上升态（$B>A$）或下降态（$B<A$），若到达第 B 层前，没有其他用户要求，则在电梯停在第 B 层后，

按 $B=A$ 的情况处理，楼层指示灯显示当前电梯所在楼层。电梯有 3 个状态：上升态、下降态、停止态。在电梯处在上升状态时，只有完成沿途所有上升请求后才能转入下降态，对下降态的处理与此相同；当没用户请求时，电梯处于最后一次请求处理完后的位置。电梯内需设置如下几个按钮：开门（OPEN）、关门（CLOSE）、楼层按钮（假设为 1 到 15）、超重指示灯、紧急报警按钮（EAERGENCY），另外需设置一个专业维修人员才能开启的控制锁（CONTROL LOCK）。

试通过以上文字描述，建立用例模型，并用时序图描述乘客在某一楼层按下上行按钮的系统响应的情景细节。

第 7 章

系统建模

系统是由许多单元相互联系所组成的一个整体，系统的特性和规律可以通过分析这些单元及它们之间的关系得出。为了全面掌握了解系统，人们应该根据系统的目的，抓住系统各单元之间的联系，进行全面的分析与研究，其中最直接、最方便的方法就是模型，将这些信息通过建模描述出来，然后通过对模型进行分析得出结论。本章就针对系统建模的内容和方法展开详细介绍。

7.1　系统建模概述

7.1.1　系统的概念

“系统”一词可能是技术词汇中使用频率最多、范围最广的术语。例如，我们常说政治系统、教育系统、飞行控制系统、制造系统、银行系统、地铁系统等。《韦氏字典》给系统的定义如下。

系统是：

（1）相互联系以形成单一或有机整体的事务集合或排列；

（2）事实、原理、规则等集合按照一种顺序分类排列，以展现连接各个部分的逻辑计划；

（3）分类或排列的方法或计划；

（4）完成某件事的有效途径、方法、规程等。

系统是一个特殊的词，借鉴《韦氏字典》的定义，我们将基于计算机的系统定义为：组织在一起通过处理信息来实现预定目标的要素集合或排列。其中的目标可以是支持某些商业运作，也可以是开发一种可以销售并产生商业价值的产品。为了达到这个目标，基于计算机的系统要利用各种各样的系统要素。

（1）软件：计算机程序、数据结构和一些相关的工作产品，用以实现所需的逻辑方法、规程或控制。

（2）硬件：提供计算能力的电子设备，支持数据流的互联设备（如网络交换机、电信设备等），支持外部功能的机电设备（如传感器、显示设备等）。

（3）人员：软件、硬件的使用者和操作员。

（4）数据库：一个大型有组织的信息集合体，可以通过软件访问并持久存储信息。

（5）文档：对系统使用和操作进行描述的信息（如系统模型、规格说明、使用手册、在线帮助文件、Web 网站等）。

（6）规程：定义每个系统要素或供外部相关流程的具体使用步骤。

这些要素通过各种各样的途径结合起来处理信息。例如，市场营销部门通过处理原始销售数据可以勾画出某产品典型消费者的特征，一个机器人将包含控制指令的命令文件转化为引起特定物理动作的控制信号序列。无论是创建辅助市场营销部门工作的信息系统，还是创建支持机器人的控制软件，它们都需要系统工程。

基于计算机的系统的复杂特征在于组成一个系统的要素还可以表示更大系统中的一个宏要素（子系统），即它是宏要素的层次化体系。所以，系统工程师们都围绕着图 7-1 所示的层次图，采用自顶向下或自底向上的方法来分析、设计、生产系统。

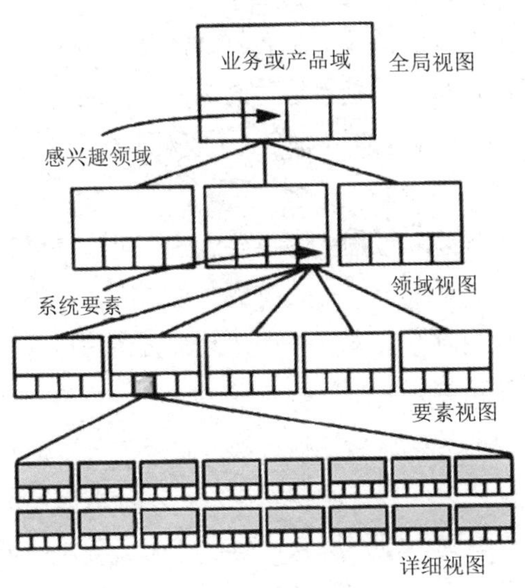

图 7-1　系统工程层次结构图

从形式化方式来看，图 7-1 中的全局视图（WV）是由一个个领域（D_i）集合组成的，它们各自都是一个系统或大系统中的子系统。

$$WV = \{D_1, D_2, D_3, \cdots, D_n\}$$

每个领域都由特定要素（E_j）组成，各自在完成某领域或其组成部分目标的过程中扮演一些角色。

$$D_j = \{E_1, E_2, E_3, \cdots, E_m\}$$

最后，每种要素通过完成特定功能的组件（C_k）来实现。

$$E_j = \{C_1, C_2, C_3, \cdots, C_k\}$$

在软件范畴中，一个组件可以是一段计算机程序、一个可复用的计算机组件、一个模块、一个类或者是对象，甚至还可以是一个编程语言语句。

7.1.2 系统建模

系统模型是对于系统的描述、模仿和抽象，它反映了系统的物理本质与主要特征。模型方法是系统工程的基本方法。研究系统一般都要通过它的模型来研究，甚至有些只能通过模型来研究。构造模型是为了研究系统原形，对模型一般有以下要求。

（1）真实性：模型应反映系统的物理本质。

（2）简明性：模型应反映系统的主要特征，简单明了，容易分析。

（3）完整性：系统模型应包括目标与约束两个方面。

（4）规范化：尽量采用现有的标准形式，或对于标准形式的模型加以某些修改，使之适合新的系统。

系统建模是系统工程建立过程中的重要因素。无论重点在全局视图上还是在局部视图上，工程师都要对系统建立相关模型。系统模型一般分为结构模型和功能模型，由于系统组成要素的复杂性及其分层特性，在系统组成中不仅有软件、硬件、人，还有文档、规则等相关元素，这些元素种类多、数量大，因此对它们进行建模时很难采用软件建模中的对象概念建模方法，而一般采用构件建模和复合结构建模方法。构件建模用于描述组成系统的物理构成，复合结构建模则用于描述系统的逻辑构成。系统的功能模型则可以使用软件建模中的活动建模、时序建模、用例建模等来描述。接下来两节将详细介绍组件建模和复合结构建模。

7.2　组件建模

在面向对象软件开发中，类是最为基础的“模块化”元素，它封装了属性和成员方法，就像是物理世界中的“分子”。但是，对于复杂的系统而言，其往往拥有成百上千的各种类。因此，对于系统的理解、复用而言，类的粒度太小了，人们就引入了更粗粒度的概念——“组件”（Component），但它是一种泛指的概念。

布朗（Brown）和兰斯沃朗（Wallnau）描述组件为“一个非平凡的、几乎独立的、可替换的系统组成部分，它在定义完善的体系结构环境中实现某一清晰的功能”，同时他们进一步认为软件组件只能是“一个说明了合同并且明显地与语境无关的组合单元”。OMG 的定义更通俗、详细一些：组件是一个物理的、可替换的系统组成部分，它包装了实现体并且提供了对一组接口的实现方法。通俗地说，组件是系统设计的一个模块化元素，它隐藏了内部的实现，对外提供一组外部接口。在系统中，满足相同接口的组件可以自由地相互替换。组件的大小是可变的，组件可以表示系统实现体的一个物理组件，包括源代码、JavaBean、EJB、Java ServLet、JSP、ASPX 页面、动态链接库、可执行文件等，也可以表示系统的逻辑组件，如业务组件、过程组件等。因此，组件自身必须相容于接口且实现接口，接口表示了驻留在组件内的成分所实现的服务。这些服务定义了一个整合的行为，从一些组件实例提供给其他客户端组件实例。

7.2.1　组件建模概述

面向对象技术对工业软件开发过程有着重要影响，但是面向对象编程在软件生产效率和重用性上不能达到满意的效果，由此触发了基于组件的建模技术。组件建模就是通过封装一定的功能来提供第三方组件，组件本身不需编程改动就能采用或重用，对外提供服务。组件通常比传统的对象具有更大的粒度，这种特性使得组件能够复合多个对象的功能，对外提供服务。

组件是系统中可替换的物理部分，它包装了实现而且遵从并提供一组接口的实现。若要进行组件建模则建模人员首先必须要搞清楚组件建模和类建模的区别。

从前面的描述中，大家可能会觉得组件和类十分相似，事实也是如此：二者都有名称，都可以实现一组接口，都可以参与依赖、泛化和关联关系，都可以被嵌套，都可以有实例，都可以参与交互。但是，组件建模和类建模之间存在着一些明显的不同。

（1）类表示的是逻辑的抽象，而组件是存在于计算机中的物理抽象。也就是说，组件是可以部署的，而类不行。

（2）组件表示的是物理模块，而非逻辑模块，与类处于不同的抽象级别，甚至可以说组件就是由一组类与协作组成的。

（3）类可以直接拥有操作和属性，而组件仅拥有可以通过其接口访问的操作。

在 UML 中，组件可以分为实施组件、工作产品组件和执行组件三种。

（1）实施组件。这类组件是构成一个可执行系统的必要和充分的组件，如动态链接库（DLL）、可执行文件（EXE），另外 COM+、CORBA 及企业级 JavaBeans、动态 Web 页面（如 JSP 等）也属于实施组件的一部分。

（2）工作产品组件。这类组件主要是开发过程的产物，包括创建实施组件的源代码文件及数据文件。这些组件并不直接参与可执行系统，而是用来产生可执行系统的中间工作产品。

（3）执行组件。这类组件是作为一个正在执行的系统的结果而被创建的，如由 DLL 实例化形成的 COM+对象。

7.2.2 组件建模元素

组件模型的元素有组件、组件的接口、关系等，其中关系又可分为连接器和实现两类，下面分别介绍这些建模元素。

1. 组件与组件的接口

组件是系统中可替换的物理部分，它包装了实现而且遵从并提供一组接口的实现。组件的图形表示方法有三种，如图 7-2 所示：第一，表示为标有构造型<<component>>的矩形；第二，在矩形的右上角放置一个组件图标（一个小矩形，并在左侧加上两个突出的、更小的矩形）；第三，直接使用组件图标（但在 UML 2.0 中已经不使用第三种方法）。组件的名称也是一个正文字符串，它可以是简单名，也可以是带路径的全名。

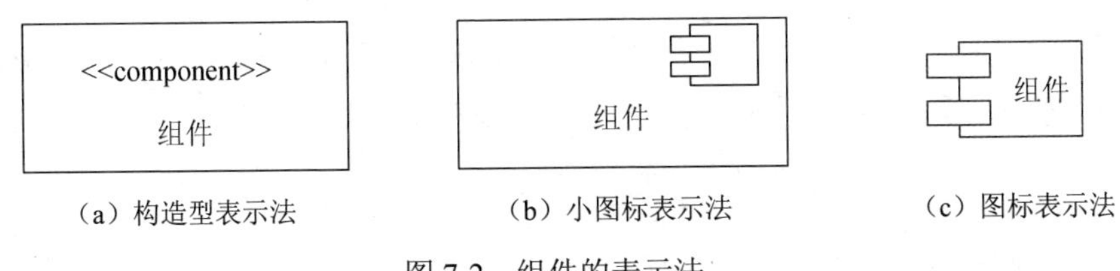

图 7-2　组件的表示法

在对一个组件进行建模时，另一个重要方面就是与组件相关的接口（并不一定需要表示在模型中）。对于一个组件而言，它有两类接口：提供（provided）的接口和请求（required）的接口。它的表示方法也有三种，如图 7-3 所示。

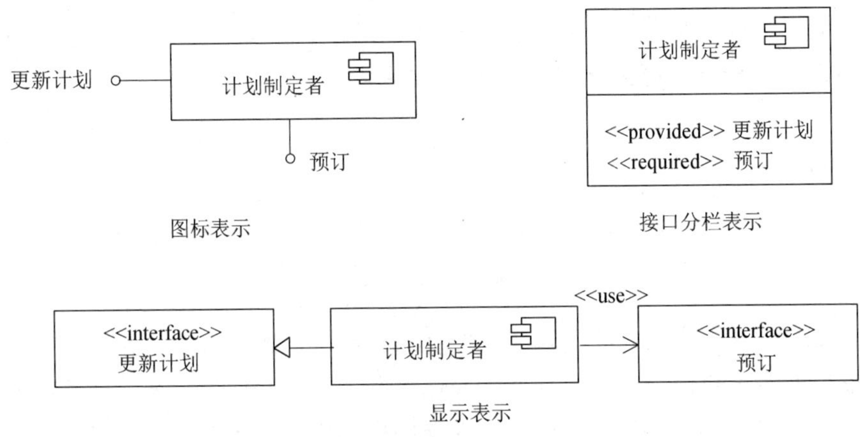

图 7-3　组件接口的表示法

（1）使用接口分栏表示：也就是将请求的接口和提供的接口直接显示在矩形的分栏中，将构造型<<provided>>和<<required>>放在每个接口名之前。

（2）使用图标表示法：将接口的图标连接到矩形的边框上，提供接口表示为一条实线连接到矩形上的圆圈，而请求接口则表示为一条实线连接到矩形上的上半圆，UML 2.0 中主要使用该表示方法。

（3）显式表示法：接口也可以用完整的显式形式表示，组件和其提供的接口之间是实现关系，而组件和其请求的接口之间是使用（<<use>>）关系。

组件根据提供和请求接口定义它的行为。例如，一个组件作为类型，由提供和请求接口（包含静态和动态语义）定义了它的一致性。因此，一个组件可能被其他同样类型一致的组件所替代。一个系统的许多片功能可能会被组装，把所有请求和提供的接口连接起来。

组件建模贯穿于整个开发生命周期，并逐步精化到部署和运行。一个组件可能通过一个或多个制品表现出来，制品可能依次被部署到执行环境中。一个部署规约可能定义了一些值，对组件的执行进行参数化。

2. 连接器

组件模型中的连接器有两种，一种是代表连接器（Delegation Connector），另一种是集合连接器（Assembly Connector）。代表连接器表示为从源端到处理目标部件的连接，集合连接器表示为“球窝”，连接提供接口和请求。集合连接器多用于连接复杂端口，如多提供或请求接口，那各种接口就写成一列，标明{provided}、{required}。两种连接器的表示方法如图 7-4 所示。

（a）集合连接器　　（b）代表连接器

图 7-4　连接器的表示法

代表连接器是连接外部约定与组件行为内部接口实现的。它表述了信号（操作需求和事件）的传输：到达具有代表连接器的端口的信号到某一部件或者到另一个端口，到那里将会传送到目的地进行处理。代表连接器必须只能定义同类别的接口或端口，两个同是提供端口或者同是请求端口。如果代表连接器定义了接口或端口与内部件分类器之间的连接，那么该分类器必须有实现关系到那个接口。如果代表连接器定义了源接口或端口和目标接口或端口之间的关系，那么目标接口必须支持源接口或端口操作的签名可兼容子集。在完整模型中，如果源端口有到授权目标端口的代表连接器，那么这些目标端口接口的集合必须与标记有源端口的接口相兼容。

集合连接器是两个组件间的连接器，定义一个组件提供服务，另一个组件请求。它定义了从请求接口或端口到提供接口或端口的连接。集合连接器的语义是信号游走于连接器的实例，起于请求端口结束于提供端口。从单个请求接口或端口到不同组件提供接口的多个连接器表示处理信号的实例将会在运行时做决定。同样的，连接到单个提供端口的多个请求端口表示请求可能从不同组件类型的实例发起。提供和请求端口间的接口兼容性使得系统中现有的组件会被可以提供同样服务的其他组件代替。组件可用于扩展系统所提供的现有服务，也会增加新功能，集合连接器用于连接这些新组件的定义。也就是说，增加新组件类型来提供现有组件同样服务，定义新集合连接器连接提供和请求端口与集合中的现有端口。

3. 实现

实现是一个分类器，它根据组件提供或需要的接口来实现对该组件的一个约束，使组件形成了对这些分类器的一个抽象。一个组件的行为可能由多个分类器实现，组件拥有到这些分类器的一组实现依赖关系。其可以被理解为：实现是组件和接口之间的一种关系，表示组件实现了该接口。实现用一条带空心箭头的虚线表示，如图 7-5 所示。

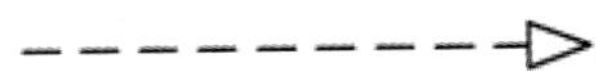

图 7-5　实现的表示法

7.2.3　组件建模示例

简单的组件图比较简洁、直观，因此绘制也并不困难，在此不再赘述了。下面以“网上超市”为例，简要说明组件建模的方法。

1. 确定系统对外的接口

将整个“网上超市”作为一个组件，考虑其对外接口。显然它作为一个超市需要有其日常账目和每天的销售记录，因此可以确定其有“账目”和“销售记录”两个接口。

2. 确定系统的子组件和各自接口

接着分析在“网上超市”中主要包括哪些子组件。这一般是通过组件的职责进行分析的。在本例中，显然要有一个组件来实现消费者功能，另一个组件来完成订单的生成和管理，另外还应该有一个负责将订单与商品进行匹配的“调度程序”。因此，在此基础上可以细化出系统内部的组件结构，其结果如图 7-6 所示。

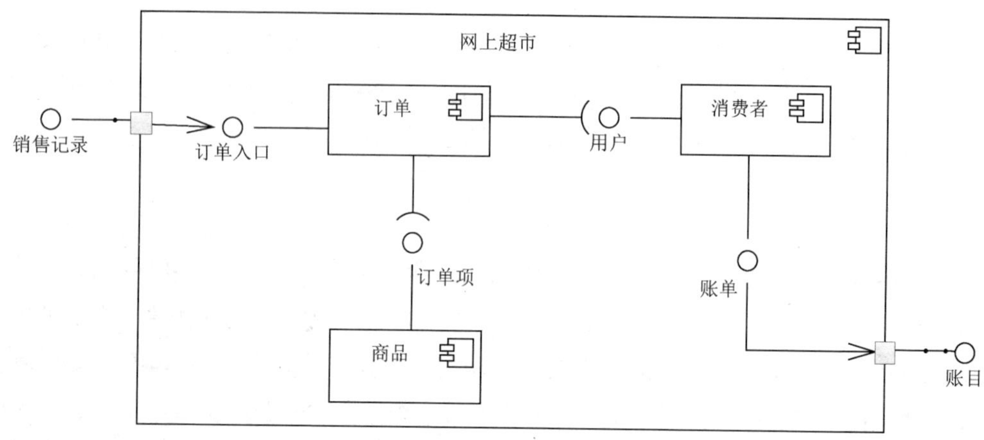

图 7-6　组件建模示例图

这样就逐步细化出了网上超市的内部子组件，当然如果需要还可以继续分解下去，直到表述出所需要的详细设计。

总的来说，组件图表现的是系统静态实现的结构，它能够帮助开发人员对系统组成达成一致的认识。具体而言，可以用它来对可执行程序的结构、源代码、物理数据库、可扩展系统进行建模，其中前两者比较常用。

7.3　复合结构建模

在进行详细设计时，如果遇到结构复杂的类，需要描述类的内部组成和各个组成成分之间的协作关系，或是需要描述一个复杂结构的组成元素及元素之间的协作关系，这时就需要用到复合结构建模。

7.3.1　复合结构建模概述

复合结构（Composite Structure）是 UML 2.0 中新加入的概念，它完成的是原来由组成上下文图和协作（不同于协作图）完成的功能。复合结构图被用来可视化地表现类的各部分、组件或协作，包括用来访问结构特征的交互点（被称为端口）。复合结构图还可以对协作建模。协作包括行为、行为的发起者以及在行为中所有行为参与者扮演的角色。

如果遇到一个类由多个类构成，需要对该类的内部组成结构进行建模。例如，我们假设一个人是由思想（Mind）和身体（Body）组成的，可以用传统方法来描述，通过把 Person 类连接到 Mind 类和 Body 类来表示。

复合结构图则提供了一种全新的描述方法，可以把每一个组件类放入一个整体类中。这种方法传达的思想就是，可以从类结构的内部来审视这个类。

复合结构图的价值在于：

（1）可以展现一个复杂组件的设计；

（2）可以展现一个组件的接口而不必考虑其结构；

（3）描述结构中的某些元素在满足结构目的或满足所需的交互时所起的作用。

7.3.2　复合结构建模元素

复合结构建模元素可以分为两部分，一部分是类图中已有的类和各种关系，在此仅仅是对类进行了适当的扩展，使其具有了内部结构和端口；另一部分是新定义的建模元素，包括部分/内部结构（Part）、端口（Port）、协作（Collaboration）、协作应用（Collaboration Use）、连接器（Connector）和角色绑定（Role Binding），下面仅介绍这几个新定义的建模元素。

当一个类被实例化时，和该类的属性相关的其他类也同时被实例化，即和该类相关的属性类也都要被实例化，这些属性类的实例即被包含于该类的实例中。部分（Part）就描述了这种包含关系，它描述了一组实例包含在某个实例之中，而它们伴随该实例的存在而存在。部分一般用一个实线的矩形框表示，被标识于相应类的区域内。

端口描述了类与其环境之间或类与其内部部分之间的交互点，它说明了一个类提供给其环境的服务或者向环境请求的服务。请求和提供端口完整刻画了可能发生在某端口上的类与其环境之间的交互，包括数据通信和行为。端口不需要建立确切的交互序列。当类的实例创建时，对应于它的每个端口的实例也被创建。这些实例被看作是“交互点”，并且提供独特的参考。实例到拥有实例的类的链接被创建，通过这个链接通信被传到类的实例，因此类与其环境可以交流通信。端口用小方框标识于类或部分的方框边界上。

协作一般用于解释一组互相合作的实例是如何完成一个或一组任务的。一个给定的对象可能同时在多个不同协作中扮演角色，但每一个协作只能表示该对象对应目标的某些方面。一个协作定义一组完成给定任务的合作参与者。协作的角色由实例在相互交互时担当。这些给定任务相关的关系显示在角色间的连接器中。协作角色定义了实例的用法，这些角色的类详细说明了该实例所有需要的属性。因此，一个协作规定了实例哪些属性必须要参与到协作中。一个角色规定了参与实例必须有的特征。角色间的连接器规定了参与实例间必须存在的通信路径。协作用虚线椭圆表示，里面包含名称，其内部结构由角色和连接器组成。

协作应用描绘了一个协作在某个情况下的应用模式，展示了协作所描述的模式是如何应用在给定的应用背景中的。在应用中，实体可以是类的结构特征，实例规定或协作角色。一个协作可能有多个事件，每个事件包含一组不同的角色和连接器。一个给定角色或连接器可能包含在一个或不同协作的多个事件中。协作应用虚线椭圆表示，内含发生事情的名称、分号和协作类别的名称。对于每个角色绑定，有一个虚线连接椭圆到客户元素，并且在客户端标上提供者元素的名称。

连接器描述一个连接，是两个或多个实例进行通信，它可能是某个关联的实例或表示。每个连接器可以附有两个或多个可连接的元素，每个元素表示一组实例。每个连接器端是不同的，因为它在实现一个连接器的通信中有着不同的角色。实现连接器的通信可能受各种约束限制。连接器用一个无向实线表示。

角色绑定应用在协作应用中，表示在该协作应用中，协作中的每个角色都被绑定给类的一个可连接元素。如果同样的可连接元素同时用在协作和表示的元素中，那就不需进行角色绑定。角色绑定用一个无向虚线表示。

7.4 系统建模语言

7.4.1 系统建模语言概述

1. 历史演化

SysML 的提出可追溯到 2001 年 1 月，当时国际系统工程学会的模型驱动系统设计工作组为了将 UML 用于系统工程，和 OMG 在当年 7 月联合成立 OMG 系统工程领域特殊利益集团。他们开发了建模语言的需求，成了 OMG 提出 UML 向系统工程扩展的提案请求（UML for SE RFP）的一部分。他们在对 UML 2.1 的子集进行重用和扩展的基础上，提出了一种新的语言——SysML，并将其作为系统工程领域的标准可视化建模语言。

自 OMG 提出 UML for SE RFP，并成立由业界的开发商、用户和政府机构组成的非正式组织来支持 SysML 的开发开始，在短短的几年中发布的 SysML 有 V0.3、V0.8、V0.85、V0.9、V1.0、V1.3 等多个版本。

SysML1.0 是系统建模语言的第一个完整版本，相对于之前的版本降低了复杂度，同时进一步增强了语言的描述能力。例如，类和部件用块结构概念统一起来，增加了流端口和流说明以表述块的输入输出数据项；活动图降低了复杂度，增强了一致性，等等。SysML1.0 是一个重要的里程碑，该版本实现了 UML for SE RFP 中的大部分需求，已于 2006 年 5 月 4 日，被 OMG 吸收为标准，并以“最终采用规范”进行了发布。

从可用的 SysML1.0 发布以来，许多工具制造商在他们的工具中就集合了 SysML，同时各种各样的相关书籍和文章相继面世，更有越来越多的学术界人士开始研究、教授 SysML，它的应用领域扩展到航空和商业应用。2008 年 12 月 8 日至 11 日，OMG 在加利福尼亚的圣克拉拉召开了会议——SysML Information Days。SysML Information Days 给这些用户、工具制造商、学术界人士等提供了讨论交流的平台，分享应用的成果，并为将来的 SysML2.0 问世奠定基础。

SysML 的设计目的是解决系统工程中面临的建模问题，为系统架构师提供一种简单易学而功能强大的图形化建模语言。这种语言以语义为基础，用图形化表示法对系统的需求、行为、结构和参量进行建模，并集成其他工程分析模型。它对于系统分析中系统的需求、结构、行为、分配和属性约束等描述特别有效，它支持诸如结构化和面向对象的多种方法和过程，但每种方法论又会对语言有另外的限制。SysML 支持用于 UML 2.1 建模工具之间交换数据的 OMG XMI2.1 模型交换标准。

SysML 在重用 UML 2.1 的基础上，对其进行了特定的扩展。SysML 与 UML 的关系如图 7-7 所示。

SysML 语言规范采用了 UML 2.1 规范的形式化表示方法，力求保证正确性、准确性、完整性、简洁性和可理解性。同时 SysML 使用精确的自然语言来描述约束和自然语义，力求实现形式严格和易于理解之间的平衡。

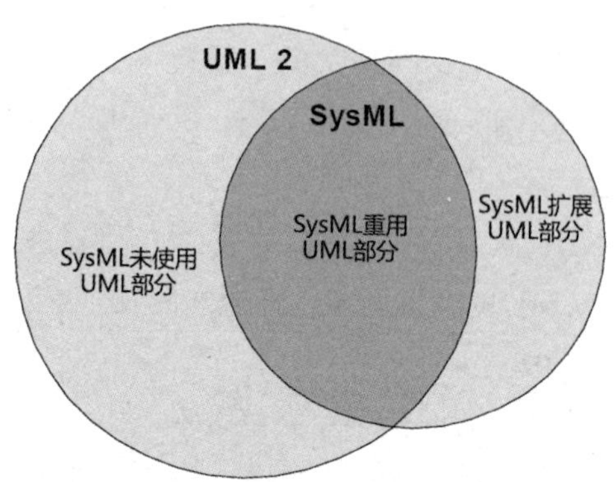

图 7-7　SysML 与 UML 关系图

2. SysML 体系结构

SysML 语言重用和扩展了 UML 的很多包，使用的扩展机制包括模型元素的原类型（Stereotype）、元类（Metaclass）和模型库（Model Library）。SysML 的用户模型是通过实例化模型元素的原类型和元类以及构造模型库中类的子类来创建的。如图 7-8 所示，这些被重用的 UML 元类集合融合为一个元模型包 UML4SysML。

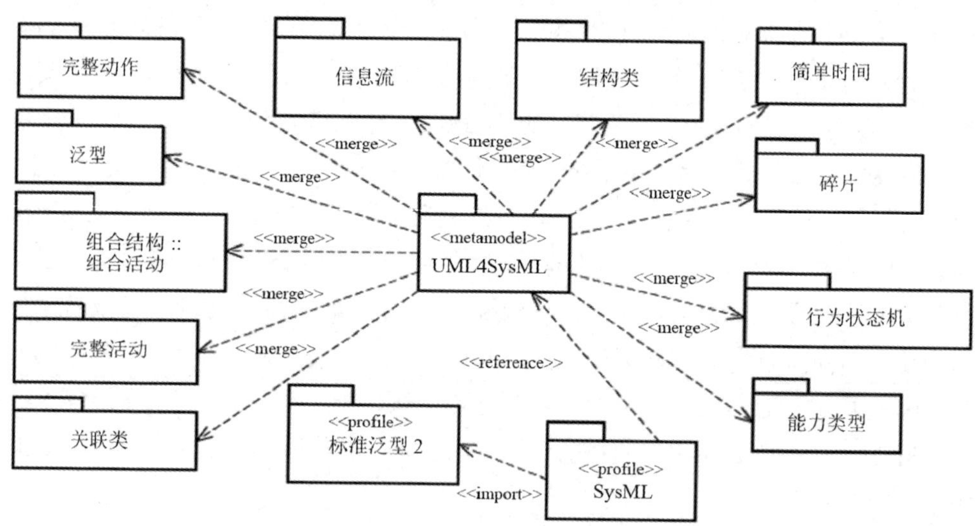

图 7-8　SysML 对 UML 的扩展图

图 7-9 中 SysML profile 说明了对 UML 的扩展。它通过引用元模型包 UML4SysML，将所有需要的元类载入 SysML，UML profile 的语义确保了应用于

SysML profile 的用户模型只有被 SysML 引用的 UML 元类才对模型的使用者可用。在图中 SysML profile 也通过载入 UML 中的标准 Profile L1 来使用它的自定义类型。

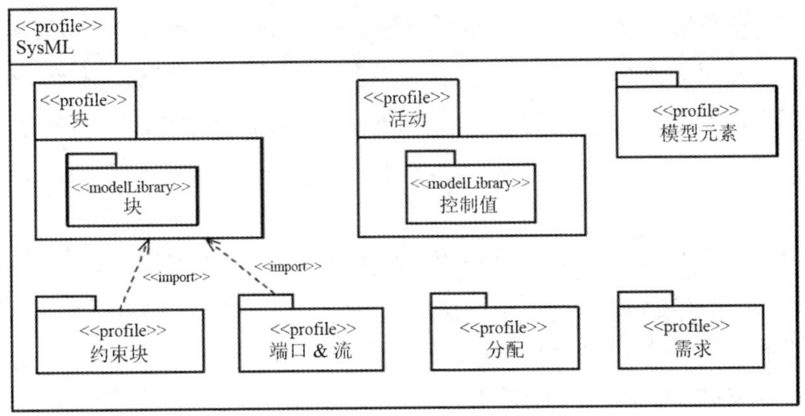

图 7-9　SysML 包结构图

SysML 建模语言由多种不同的模型元素组成，大体上分为三个部分：结构模型、行为模型和需求模型。其中，结构模型用来描述所有静态的结构，包括包图、块定义图、内部块图以及参数图；行为模型用来描述系统对象的动态行为结构，它包括活动图、序列图、状态图以及用例图；需求模型是交叉结构的一种，它既可以用来描述静态结构，也可以用来描述动态行为。其他的交叉结构还包括分配图和概览模型库，如图 7-10 所示。

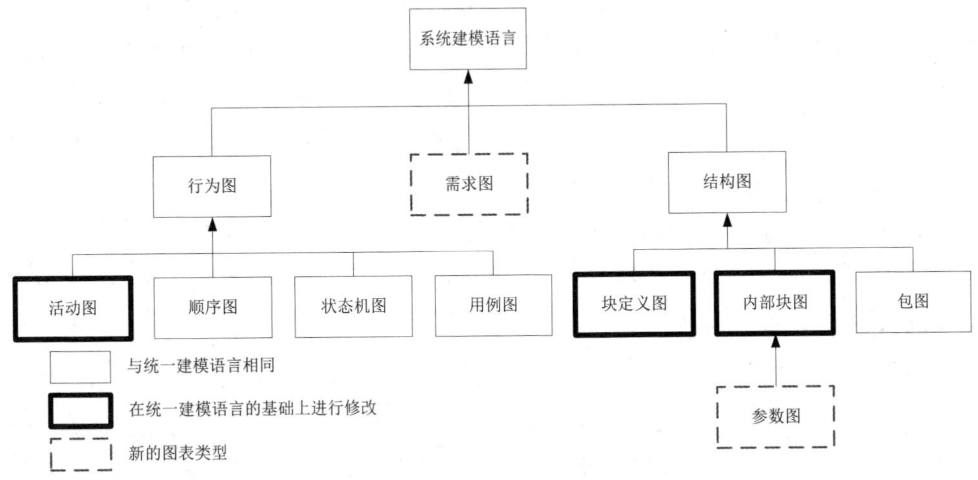

图 7-10　SysML 图的分类结构

7.4.2 系统结构建模

系统结构建模主要使用包图、块定义图、内部块图和参数图，其中包图与 UML 中包图的语法语义相同，块定义图和内部块图则在 UML 的基础上进行了修改，参数图是新构建的图表类型，在此主要介绍下块定义图、内部块图、参数图。

1．块定义图

块定义图（Block Definition Diagrams，BDD）是基于 UML 的类图扩展的，用于描述系统的层次结构或者是系统与部件的分级关系。其主要元素包括：块、执行者、值类型、约束模块、端口、流说明、各种结构关系。

块是 SysML 结构中一个最基本的单元，它类似于 UML 中的类，可以用来描述一个硬件、软件、设备、人员或其他系统元素。它是系统的模块化单元，包含了属性、操作和约束，块使用 UML 类图标识来描述，其构造型为<<block>>。

执行者表示某个人或事物，它拥有系统的外部接口，它的名称表示人、组织或其他系统在与代建系统交互时所扮演的角色。执行者有两种标识法：一种是火柴人，另一种是在名称前面带有关键字<<actor>>的矩形。

值类型用于块的属性或操作表示，块定义图中的值类型包含原始值类型、结构值类型和枚举值类型三种。

（1）原始值类型没有任何内部结构，它用名称前带有元类型<<valueType>>的矩形标识。SysML 定义了四种原始值类型：String、Boolen、Integer 和 Real。用户也可以定义自己的原始值类型作为这四种类型的特殊情况。

（2）结构值类型拥有内部结构——一般是两种或多种值属性，它也用名称前面带有<<valueType>>的矩形标识。

（3）枚举值类型只定义一系列有效的数值，如果一项操作的参数类型是枚举，那么它在任何时候所持有的值必须是枚举中的值，它也是用名称前面带有<<valueType>>的矩形标识。

约束模块用于块的约束表示，它定义了一种布尔型的约束表达式，约束表达式中的变量叫作约束参数，类型常是值类型。约束参数会从它们绑定的值属性那里获得值，在任何特定时刻，这些值使得约束表达式要么是 true，要么是 false。约束模块的标识法是名称前面带有元类型<<constraint>>的矩形。约束表达式在约束分隔框中位于大括号之间，而其中的参数会位于参数分隔框中。

端口是块与其周边环境之间的输入或者输出项的交互点，通过这些交互点外部实体可以和块交互或者提供服务，或者请求服务，或者交换时间、能量和数据。SysMLv1.2（以及更早版本）定义了两种端口，即标准端口和流端口。标准端口关注块提供或请求的服务，流端口关注能够输入和输出块的事件、能量或者数据的类型。而 SysMLv1.3 不再支持标准端口和流端口，它定义了两种新的端口：完整端口和代理端口。完整端口在名称字符串前面带有元类型<<full>>，它代表拥有它的模块的组成部分属性，即恰好存在于那个模块边界的组成属性。和其他组成部分属性一样，完整端口的类型也是由模块决定的，它包括执行行为和内部结构。代理端口在名称字符串前面带有元类型<<proxy>>，它代表了拥有它的模块的行为和结构特性的子集，而且它们可以被外部模块所访问，它不会执行行为，也没有内部结构。

流说明定义了在端口流动的实体。流说明描述了块实现流所需要的东西。比如，一个提供方的流说明描述了块必须接受物资流、信息能量流；对应的，需求方的流说明描述了物资、信息流的源。流说明并不是用来描述如何实现块的源、汇或者其他流处理过程，它的作用仅仅在于描述块需要发送或搜集的流。流说明在 SysMLv1.3 版本中已经消失。

在块与块之间可以存在三种主要类型的关系：关联、泛化和依赖。

关联分为引用关联和构成关联两种，引用关联表示连接端的模块的实例之间可以彼此访问，它的标识法用实线表示，如果实线一端有箭头则表示单向访问，如果实线两端都没有箭头则表示双向访问；组合关联表示结构上的分解，类似于 UML 中类的聚合，表示组合端的模块实例由一些组成部分端的模块的实例组合而成，它的标识法是两个模块之间连接的实线，在组合端有实心的菱形。

泛化表示两种元素之间的继承关系，它的标识法是一条实线，在父类的一端带有空心的三角箭头。

依赖表示模型中的一种元素（客户端）依赖于模型中的另一种元素（提供者），当提供者元素发生改变时，客户端元素可能也需要改变，它的标识符用有箭头的虚线表示，箭头方向从客户端指向提供者。

2. 内部块图

内部块图（Internal Block Diagrams，IBD）是基于 UML 的复杂结构图扩展得到的，它根据系统的组成部分、端口和连接器描述它内部的结构。IBD 描述了单个模块的内部结构，它不会显示模块，但它会显示对模块的使用，也就是在 IBD 头部命名的模块的组成部分属性和引用属性。在 BDD 中也可以显示组成部分属性和引用属性，或者是作为模块分隔框中的字符串，或者是作为关联一端的角色名称。但是 IBD 可表达在 BDD 中无法表达的信息，如组成部分属性和引用属性之间的连接；在连接之间流动的事件、能量和数据类型；通过连接提供和请求的服务。IBD 的元素主要有模块的组成部分属性、引用属性和它们之间的连接器。

IBD 的组成部分属性和 BDD 中模块的组成部分分隔框中的组成部分属性的意义相同：表示一种结构，位于 IBD 头部显示名称的模块内部，也就是组成模块的结构。IBD 中组成部分的标识法是带有实线边框的矩形。显示在矩形中的名称格式与 BDD 中相同，为<part name>:<type>[<multiplicity>]，但可以选择在矩形的右上角显示组成部分属性的多重性，而不是在名称末尾的方括号中显示。

IBD 中的引用属性和 BDD 中模块的引用属性的意义相同：表示 IBD 所描述的模块外部的结构，也就是模块因为某种目的而需要的模块，或者是为了触发行为，或者是为了交换事件、能量和数据。IBD 中引用属性的标识法是带有虚线边框的矩形，显示在矩形中的名称格式与 BDD 中相同，为<reference name>:<type>[<multiplicity>]，和组成部分属性一样，可以选择在矩形的右上角显示引用属性的多重性。

连接器表示属性之间可以互相访问，它的标识符用一根实线表示，名称格式为<connector name>:<type>。两个相互连接的属性可以都是组成部分属性、引用属性，或者一样一个。如果两个相互连接的属性有相兼容的端口，可以选择把连接器与端口相连，而不直接与属性连接，这表示这些属性是在边界的特殊交互点连接的。

3. 参数图

参数图是一种特殊的 SysML 图，它用于说明系统的约束。这些约束一般以数学模型的方式表示，决定运行系统中一系列合法的值。参数图是一种特殊的 IBD，它可以显示模块的内部结构，但关注重点在于值属性和约束参数之间的绑定关系。BDD 显示了模块和约束模块的定义，而参数图会显示程序对那些模块和约束模块的使用，关注值属性和约束参数之间的绑定关系。

参数图用于描述模块和约束模块。当参数图描述模块时，它描述的是模块的值属性和约束属性之间的绑定，但是它还可以描述模块的组成部分属性和引用属性，只要它们包含被关注的内嵌值属性。当参数图描述约束模块时，它只描述约束属性，以及形成那个约束模块内部结构的绑定。

参数图中的约束属性和 BDD 中的意义相同，它的标识符为圆角矩形，显示在圆角矩形中的名称格式和约束分隔框中的名称格式相同，为<constraint name>:<type>。约束名称是建模者定义的，约束属性的类型必须是约束模块。

约束参数是显示在约束表达式中的变量。在参数图中，约束参数会显示为附着在边缘上的小方块，位于约束属性内部。但参数图描述约束模块时，约束参数还可以附着在参数图的外框上。参数图中的约束参数的名称格式和 BDD 中相同，为<parameter name>:<type>[<multiplicity>]。

值属性是在拥有它的模块的上下文中对值类型的使用。在参数图中，值属性会被描述为带有实线边的矩形，矩形的名称格式为<value name>:<type> [<multiplicity>] = <default value>。

绑定连接器表示两端的两个元素之间的等价关系。这两个元素之中一个必须是约束参数，另一个可以是一个值属性，也可以是另一个约束参数。绑定连接器只能出现在参数图中，它的标识符是一条实线，附着在两个绑定元素的边界上。

7.4.3　系统行为建模

在 SysML 中，系统行为建模由用例图、状态图、活动图和时序图来实现。SysML 中用例图、状态图和时序图的语法语义与 UML 中的完全相同，活动图的语法语义则在 UML 中活动图的基础上做了扩展，因此用例图建模、状态图建模和时序图建模可以完全参考本书其他章节所介绍的知识进行，在此仅介绍 SysML 中的活动图针对 UML 活动图的扩展情况。

SysML 活动图的构成元素主要有动作、对象节点、控制流、对象流和控制节点。动作是为活动基本的功能单元建模的节点，一个动作代表某种类型的处理或者转换，它会在系统操作过程中的活动被执行的时候发生。动作可以细分为基本动作、调用行为动作、发送信号动作、接收事件动作、等待时间动作几种。

（1）基本动作的标识法是圆角矩形，矩形中显示的字符串为对该动作进行描述的动词短语。

（2）调用行为动作是一种特定的动作，它会在启动时触发另一种行为，它可以将一个高层的行为分解成一系列低层次的行为。调用行为动作的标识法也是圆角矩形，只不过其中的名称有特殊的格式：<action name>: <Behavior Name>。调用行为动作的右下角如果有一个分支符号，则表示被调用的行为是一种活动，否则就表示被调用的行为可能是一种交互或一种状态机。

（3）发送信号动作在启动的时候会异步生成信号实例，并把它发送到相关的动作。发送信号动作的标识法类似于路标的五边形，在它内部显示的字符串必须与在模型层级关系某处定义的信号的名称相匹配。

（4）接收事件动作是发送信号动作的接收者，它表示在活动继续执行之前，必须等待发生一个异步事件，通常情况下，这个异步事件是接收信号实例。接收事件动作的标识法是一个五边形，正好和发送信号动作相契合。接收事件动作中的字符串也必须与在模型层级关系某处定义的信号名称相匹配，表示接收事件动作会等待那个信号的实例。

（5）等待时间动作是一种特殊的接收事件动作，它表示等待时间事件的发生。等待时间动作的标识法是一个沙漏形状的符号，下面有相应的时间表达式，该时间表达式可以指定绝对的时间事件，也可以指定相对时间事件，绝对时间事件表达式的关键词是 at，相对时间事件表达式的关键词是 after。

对象节点表示活动过程中产生的对象，出现在两个动作之间，表示一个动作会产出对象作为输出，另一个动作将该对象作为输入。对象节点的标识法是一个矩形，它的名称字符串的格式为：<object node name>:<type>[<multiplicity>]。插脚和活动参数是两种特殊的对象节点。插脚附着在动作上，表示动作的输入或输出，它的标识法是附着在动作外边界的小方块，可以在方块内部显示一个箭头，表示该插脚是输出或输入。活动参数附着在活动图的外框上，表示活动的一种输入或输出，它的标识法是横跨在活动图外框上的矩形。

控制流是传递控制的边，它可以启动某个动作，表示一系列动作之间的序列约束。SysML 允许用两种标识法来表示控制流，一种是带有箭头的虚线，另一种是带有箭头的实线。控制流上可以附着概率表达式，表示该控制运行的概率。

对象流是传递对象的边，表示事件、能量或者数据的实例通过活动，在活动的执行过程中从一个节点传递到另一个节点，它的标识法是带有箭头的实线。对象流上也可以附着概率表达式，表示该对象节点传递的概率。

控制节点有初始节点、结束节点、决定节点、合并节点、分支节点和集合节点，这些节点的语法及语义与 UML 中活动图中的相应节点相同，在此就不再详细介绍。

7.4.4　系统需求建模

传统的需求都被表示为文档的形式，它们经常与数据和图表联系在一起，存储在文件或数据库中。需求描述了所有产品功能，并且定义了实现这些功能的约束条件。SysML 允许需求描述作为模型元素。因此，需求变为产品架构的一部分。这种语言灵活地表达了任何种类、任何关系基于文本的需求。

需求图是一种新的 SysML 图形，能够描述需求和需求之间以及需求和其他建模元素之间的关系。需求是指系统必须满足的能力或条件，它的标识法为一个矩形，并有元类型<<requirement>>。需求有两种属性：text 和 id，前者是需求的文本描述，后者是需求的标识符。

SysML 中定义了六种需求关系：包含、跟踪、继承需求、改善、满足和验证。包含关系表示一个需求包含其他需求，它的标识法有两种：一种是十字准线标识法，用一端带有圆圈围绕的加号的实线表示；另一种是限定名称字符串标识法，将被包含的需求名称用“::”添加在该需求名字结尾。跟踪关系表达了需求之间的一种依赖关系，即对提供方元素的修改会导致客户端元素需要修改，它的一种标识法为一条有箭头的虚线，附着元模型<<trace>>。继承需求关系也是一种需求之间的依赖关系，表示客户端的需求继承了提供方的需求。它的一种标识法也是一条有箭头的虚线，元模型为<<deriveReqt>>。改善关系表示客户端的元素要比提供方的元素更加具体，一般使用用例对文本的功能性需求进行改善，它的一种标识法也是一条有箭头的虚线，元模型为<<refine>>。满足关系表示客户端的元素要满足提供方的元素，客户端元素一般为模块，提供方元素必须是需求，它的一种标识法也是一条有箭头的虚线，元模型为<<satisfy>>。验证关系必须在提供方端有一个需求，它的客户端一般为测试案例，表示验证该测试案例是否满足相应的需求，它的一种标识法也是一条有箭头的虚线，元模型为<<verify>>。

SysML 还提供了其他表示法来表示以上需求关系，这些可选的标识法只可应用于跟踪、继承需求、改善、满足和验证，包含关系不能使用这些标识法。这些标识法有：分隔框标识法、插图标识法、矩阵和表格。所有可以显示分隔框的元素（模块、需求、测试案例）都可以使用分隔框标识法来表示需求关系。每种关系都会显示在单独的分隔框中，分隔框的名称表示关系类型。插图标识法指的是连接在一个元素上的注释。插图标识法的内容指定了关系类型及两端元素的类型和名称。矩阵和表格分别使用矩阵和表格来表示相应的需求关系，它们不属于图形标识法。

针对需求进行建模，通常有人采用纯文本描述法、框图法或 UML 的用例图法。这些描述方法一般是针对软件系统而言的，着重于用户的参与引起场景的改变对软件系统的影响而产生的需求。SysML 需求图为基于文本的需求、需求之间的关系（例如追溯关系）以及需求和满足需求的模型元素之间的关系提供建模构造。它们之间的区别是：第一，UML 用例图强调的是从用户的角度出发对如何使用系统的描述，而 SysML 需求图强调的是为了满足用户需求，应如何设计系统的描述；第二，从用例图来看，必须要有角色与用例，且在需求的分解过程中，用例的分解往往不便于深层挖掘，因为它受角色的制约。而需求图不需要角色，它面向的是用户群、用户类，在需求分解时，不要专门指定具体角色，它强调开放、全面地描述系统的需求，开放性体现在它具有可扩展的特点，针对需求可以层层深挖。

总之，纯文本描述法对需求的描述仅限于文本，缺乏对需求与需求联系的形象描述；框图法描述内容文字描述偏多，对于有多用户交互的复杂需求关系也不易表达，并且框图法语义不够规范；UML 用例图一般是针对软件系统的需求分析，是个可反映各角色需求交互的、很好的工具，但是对于装备需求这样的大系统，用例图也不易表达清楚。相比较而言，SysML 需求图更适合对具有系统工程特色的需求进行分析。

7.5　本章小结

本章介绍对象管理组织 OMG 的系统建模方法和系统建模语言 SysML。首先介绍 UML 2.0 中与系统建模密切相关的组件建模和复合结构建模，接着简要介绍 SysML 建模方法。SysML 是在 UML 基础上扩展的一种系统建模语言，是一种较为复杂的系统建模语言，其中包括较多的建模元素和机制。由于受到篇幅限制，本章仅对 SysML 的部分模型做了简单介绍。

7.6　习题

1．简要说明组件的五要素，并举一个例子来说明。

2．阐述类与组件之间的主要异同点，并指出在 UML 中组件主要包括哪三种？

3．组件相关的接口有哪两种类型？它们的图示法分别是什么？从关联关系的角度来看组件与这两种类型的接口之间是什么关系？

4．在一张基本组件图中，组件之间最常见的关系是什么？

5．简单论述复合结构图与类图的关系？

6．系统结构建模有哪几种方法，各自特点是什么？

7．SysML 活动图与 UML 活动图的区别是什么？

第 8 章

软件建模实践

8.1 PowerDesigner 工具介绍

为了降低软件维护的难度，提高软件质量，使分析人员、开发人员、测试人员、数据库管理人员、用户之间能够通过设计文档进行有效的沟通，许多计算机软件厂商都在研制计算机辅助软件工程（Computer Aided Software Engineering，CASE）平台，用来完成软件的分析建模工作，如 Sybase、Rational、IBM、CA 和 Microsoft 等。其中 Sybase 公司的 PowerDesigner 就是最优秀的 CASE 平台之一，使用这个平台就可以更好地完成软件的分析建模工作，为设计更优秀的软件产品提供了保证。

PowerDesigner 的发展经历了两个阶段：第一阶段从 1989 年到 1996 年，版本从 1.0 发展到 6.0，主要目标是应用 E-R 理论解决数据建模问题；第二阶段从 1996 年至今，版本从 6.0 发展到 16.7，其主要目标是完成业务流程建模、数据建模、应用程序建模和代码生成等工作。经过几十年的发展，PowerDesigner 已经在原有的数据建模的基础上形成了一套完整的集成化企业级建模解决方案，业务或系统分析人员、设计人员、数据库管理员和开发人员可以对其裁剪以满足他们的特定的需要，而其模块化的结构为购买和扩展提供了极大的灵活性，从而使开发单位可以根据其项目的规模和范围来使用他们所需要的工具。

8.1.1 PowerDesigner 主界面

PowerDesigner 启动后，主界面如图 8-1 所示，主界面主要包括标题栏、菜单条、工具栏、浏览器窗口和输出窗口。

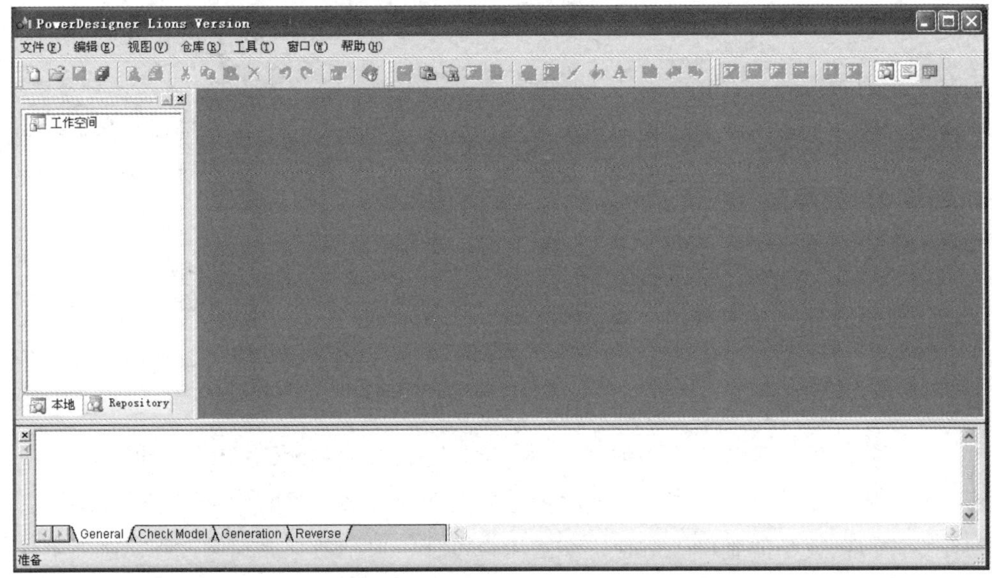

图 8-1　PowerDesigner 初次启动时的界面

浏览器窗口以树的形式显示模型和模型对象，并支持它们之间的导航，用于本地和企业知识中模型的管理。浏览器窗口包括本地浏览器窗口（Local）和企业知识库浏览窗口（Repository）。Local 选项卡上显示本地建立的各种模型，当 PowerDesigner 与企业知识库连接后，Repository 选项卡上可显示企业知识库中的模型。

工作区是一个主要的面板，用户新建模型后，工作区显示用户工作的模型视图和报表轮廓。输出窗口包括 General、Check Model、Generation 和 Reverse 4 个选项卡。其中，General 选项卡显示建模过程中的通用信息；Check Model 选项卡显示检查模型过程中的信息；Generation 选项卡显示模型生成过程中的信息；Reverse 选项卡显示逆向工程中的信息。

8.1.2　PowerDesigner 支持的模型

PowerDesigner 是一个功能强大而使用简单的工具集，提供了一个复杂的交互环境，支持开发生命周期的所有阶段。从处理流程建模到对象和组件的生成，人们利用 PowerDesigner 可以建立以下 8 类模型。

（1）业务流程模型。业务流程模型（Business Process Model，BPM）主要用在需求分析阶段。需求分析阶段的主要任务是弄清系统的功能需求。分析人员首先与用户进行沟通交流，然后建立系统的逻辑模型，并与用户反复讨论，以便理解系统。业务流程模型主要从业务人员的角度对业务的逻辑和规则进行详细描述和分析，用流程图等图示方法展示业务流程、数据流、数据存储、消息和协作协议等。

（2）概念数据模型。概念数据模型（Conceptual Data Model，CDM）也称信息模型，它以实体-关系模型为基础，并对这一理论进行了扩充。它从用户的观点出发对信息进行建模，主要用于数据库的概念设计。CDM 是一组严格定义的模型元素的集合，这些模型元素精确地描述了系统的静态特征、动态特征以及完整性条件等，其中包括了数据结构、数据操作和完整性约束三部分。

（3）物理数据模型。物理数据模型（Physical Data Model，PDM）提供了系统初始设计所需要的基础元素，以及相关元素之间的关系。数据库的物理设计阶段必须在物理数据模型的基础上进行详细的后台设计，包括数据库存储过程、触发器、视图和索引等。PDM 以 DBMS 理论为基础，将 CDM 中所建立的现实世界模型生成相应的 DBMS 的 SQL 语言脚本，利用该 SQL 脚本在数据库中产生现实世界信息的存储结构，并保证数据在数据库中的完整性和一致性。

（4）面向对象模型。PowerDesigner 加强了对 UML 的支持，提供了活动图表和组件图表。改进了分析方法并增强了与开发过程的集成。面向对象模型（Object-Oriented Model，OOM）是利用 UML 建模语言来描述系统的模型。借助 UML 的用例图、序列图和活动图来分析，这些图表将帮助用户规划系统的范围、动态性能以及表现方式等而不必考虑实施细节。

（5）需求模型。需求模型（Requirements Model，RQM）是一个文档模型，可以帮助用户列出和准确定义开发过程中必须实现什么样的功能。需求模型是一个参考模型，定义参与一个开发过程中的所有用户和组的任务与位置。

（6）信息流模型。信息流模型（Information Liquidity Model，ILM）是一个高层物理视图，它允许复制数据的信息流流动过程，主要用于分布式数据库之间的数据复制。

（7）自定义模型。自定义模型（FreeModel，FEM）是一个允许用户在一个自由的环境中创建任意种类的图和图表的环境。当不方便使用标准的 BPM、CDM、PDM、OOM、ILM、RQM 或 XSM 创建一个合适的模型的时候，用户可使用 FEM

为自己创建不同的图形，用于解释系统和应用的结构。同时，用户利用 PowerDesigner 的 Generic Generator、Extended Attributes 和 Custom Symbols 高级特性可以创建可裁剪的图表，以满足自己的建模需求。

（8）XML 模型。XML 模型（XML Model，XSD）是一个 Schema Definition 文件（.XSD）、一个 Document Type Definition 文件（.DTD）或一个 XML-Data Reduced 文件（.XDR）的图形化表示。XSD 是提供给用户的一个包含 XSD、DTD 或 XDR 文件所有元素的全局示意性视图。它能够帮助用户理解，检查，修改一个 XSD、DTD 或 XDR 文件的复杂结构。

上述模型中，BPM 和 OOM 中的类图、PDM、XSM 可以生成相应的代码，此外，软件开发人员编写的程序代码也能够反向生成相关的模型。图 8-2 描述了相关模型与其代码的生成关系。而 CDM、FEM、ILM、RQM 均不能生成程序代码。

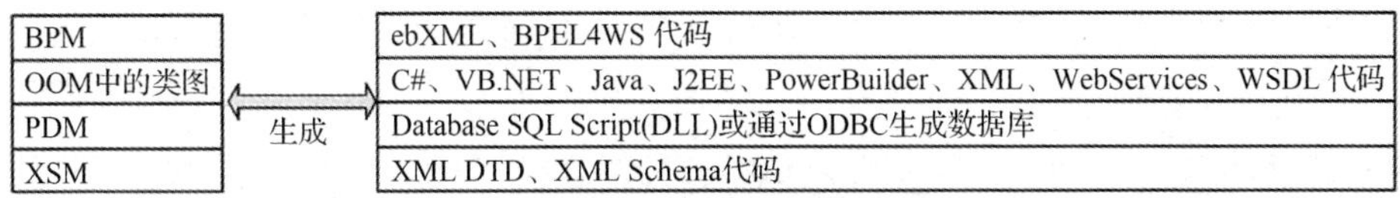

图 8-2　模型与其代码的生成关系

8.1.3　PowerDesigner 新建模型的步骤

PowerDesigner 新建模型的步骤如下。

（1）选择【文件】→【新建】菜单，或者单击工具栏中的新建工具，打开如图 8-3 所示的对话框。

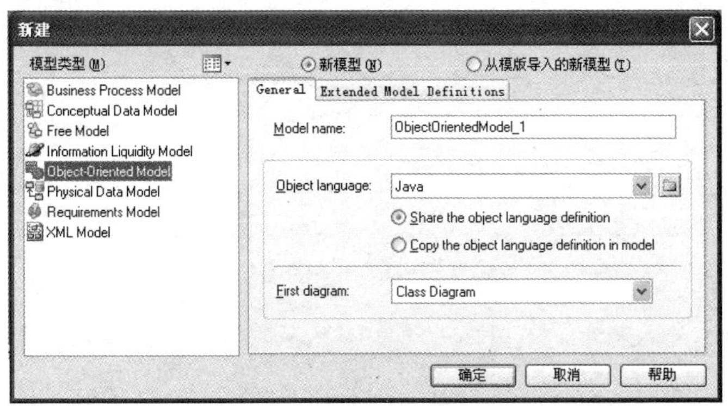

图 8-3　新建模型的对话框

（2）从模型类型（Model type）中选择新建模型的类型，如选择【Object-Oriented Model】，不同类型的模型在【General】选项卡中显示的内容不同。

（3）在【Model name】中输入模型的名称，选择合适的选项内容。例如，建立 BPM 时，在【Process language】下拉列表中选择一种业务流程语言；在 OOM 下，在【Object language】下拉列表中选择一种面向对象语言；建立 PDM 时，需在【DBMS】下拉列表中选择一种数据库管理系统；要建立 XSM 时，在【XML language】下拉列表中选择一种 XML 语言。

（4）建立 BPM、OOM 和 PDM 时，在【First diagram】下拉列表中选择相应的图表类型。进入模型工作界面后，在主界面的浏览器窗口中右击模型，从弹出的快捷菜单中选择【新建】，选择合适的图形类型之后就可以在模型中增加新的图形。

（5）单击“确定”按键，浏览器中会显示新建的模型，如图 8-4 所示。图形窗口显示用户建立的模型，使用工具选项板中的建模控件可以完成大部分建模工作。选择建立不同的模型，相应的图形窗口和工具选项板也会不同。

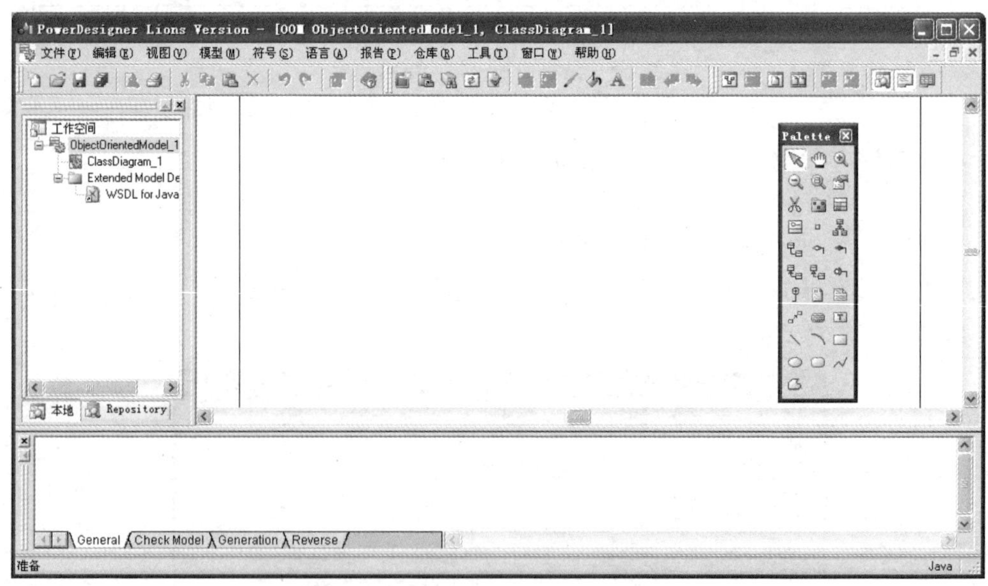

图 8-4　新建 OOM 后的工作环境

（6）如果要保存模型，可以选中【文件】菜单中的【保存】或单击工具栏中的保存按钮。每个模型保存在一个有特定扩展名的文件中。保存模型时，系统会自动产生一个备份文件，如果主文件损坏，则可以把备份文件的扩展名修改为主文件的扩展名之后再打开模型。各类模型的扩展名如表 8-1 所示。

表 8-1　PowerDesigner 各类模型的扩展名

模型简称	模型名称	文件扩展名	备份文件扩展名
BPM	业务流程模型	.bpm	.bpb
CBM	概念数据模型	.cdm	.cdb
FEM	自由模型	.fem	.feb
ILM	信息流模型	.ilm	.ilb
OOM	面向对象模型	.oom	.oob
PDM	物理数据模型	.pdm	.pdb
RQM	需求模型	.rqm	.rqb
XSM	XML 模型	.xsm	.xsb

8.1.4　PowerDesigner 的工具选项板

打开的模型不同，会出现不同的工具选项板。图 8-5 所示为其中模型的工具选项板，PowerDesigner 中 RQM 没有工具选项板。现将工具板上的通用工具按钮介绍如下：

选择一个模型对象；

移动全局模型图形；

放大图形；

缩小图形；

打开模型中一个包中的图形；

打开图形对象的属性窗口；

删除或隐藏图形对象；

在图形窗口新建一个包；

产生文本文件；

产生文本框；

在两个模型对象之间建立连接或扩展依赖；

产生标题框；

产生文本；

产生直线；

画弧线；

画矩形；

画椭圆；

画圆角矩形；

画折线；

画不规则的封闭形式。

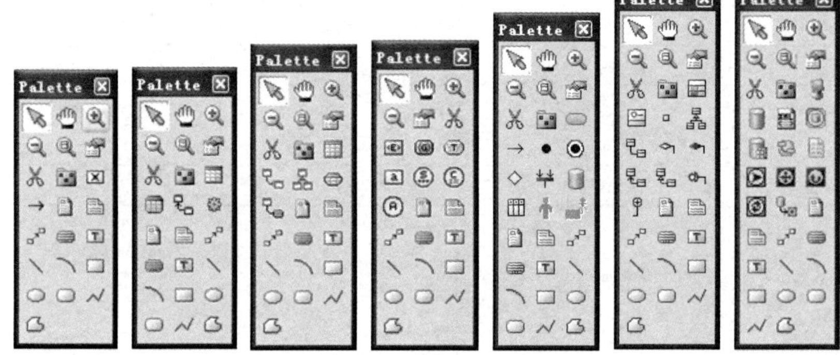

图 8-5　各种模型的工具选项板

8.2　案例介绍

随着我国互联网的发展和网民人数的不断增加，我国的电子商务逐步成长起来。近十年来我国的电子商务始终保持着 40%～50%的增长，电子商务市场不断扩大。作为电子商务的代表，网络购物逐渐从一种时尚演变为一种习惯，已经深入消费者的日常生活。网络购物不仅能使消费者节约时间成本，还能享受到价格优惠。如今一些零售商，如大型超市，纷纷构建了自己的网上超市，来开拓企业的电子商务业务，抢占电子商务市场，提高企业的竞争力。

8.2.1　项目背景及需求概要

莲花超市是覆盖全省的大型连锁超市，经营各类生活及家用商品，由于受到营业网点数量规模的限制，业务一直很难进一步发展。公司近期想借助现代信息技术，创新业务模式，拓展业务渠道。初步想法是，采用电子商务技术，开辟一个网上超市，使得家用商品购买者可以通过网上采购，而不必频繁地逛超市。这种经营方式可以达到以下业务目标。

（1）拓展业务：以更优质的服务和低廉的价格吸引更多的客户。

（2）降低经营成本：减少网点运营的管理成本及损耗，在提高营业额和利润的同时，还可以降低商品零售价格，促进业务拓展。

经过技术咨询，该公司打算建设一套电子商务运营平台，包括网上订货、物流配送和电话客服三个应用系统。同时，建立电子商务中心、配送中心和客服中心三个运营管理机构，实现全方位电子商务运营。

8.2.2 需求分析

“莲花超市网上运营系统”包括“网上购物系统”“物流配送系统”和“电话客服系统”三部分，由于篇幅原因，文章以“网上购物系统”为例介绍系统的建模过程。“网上购物系统”的用户是购物用户、网上售货员、系统管理员（网上经理）。

（1）购物用户：网上超市注册会员，通过该网上超市实现购物。

（2）网上售货员：网上超市服务人员，负责网上超市商品的分类整理工作。

（3）系统管理员：网上超市经理，负责管理网上售货员和各种数据。

根据客户提供的“网上购物系统”前台购物流程和后台管理流程进行分析，得到与“网上购物系统”的各个用户相关的用例，如表 8-2 所示。

表 8-2　“购物用户”用例表

参与者	用例名称	用例说明
购物用户	注册账号	进入“网上购物系统”的用户，通过注册的方式成为本网上超市的购物用户，注册时需要填写个人信息
	登录系统	因注册为“网上购物系统”的购物用户，在购买商品之前需要登录该系统
	查看个人资料	登录“网上购物系统”的购物用户，可以查看自己的账号和密码等个人信息
	查看历史账单	购物用户在查看个人资料时，也可以查看自己在“网上购物系统”所完成的历史订单信息
	查看当前订单	购物用户在查看个人资料时，也可以查看自己在“网上购物系统”当前的订单信息
	修改个人资料	登录“网上购物系统”的购物用户可以修改自己的密码等个人信息
	关闭账号	如果购物用户不想再到“网上购物系统”购物，可以通过关闭账号的功能完成销户操作

续表

参与者	用 例 名 称	用 例 说 明
购物用户	搜索商品	购物用户可以通过系统搜索自己需要购买的商品信息
	添加商品到购物车	购物用户选择自己想购买的商品，然后添加到购物车中
	删除购物车内的商品	购物用户可以从购物车中将自己不需要的商品删除掉
	修改购物车中商品的数量	购物用户可以根据自己需要增加或减少购物车中商品的数量
	查看购物车	购物用户可以查看自己选择的商品和数量
	进入结算中心	购物用户在查看购物车时，如果确认完成了商品的选购，则进入结算中心，选择支付方式确认购买购物车中的商品
	生成订单	购物用户在结算时，完成相关信息的填写后，即会生成一笔购物订单，在购物用户按指定的方式付款后，该订单由后台管理系统处理后进行商品派送操作

“网上购物系统”与网上售货员相关的用例，如表 8-3 所示。

表 8-3　网上售货员用例表

参与者	用 例 名 称	用 例 说 明
网上售货员	管理商品	对“网上购物系统”中的商品进行添加、删除和修改处理
	管理供应商	对“网上购物系统”中的商品供应商进行添加、删除和修改的处理
	管理库存	设置“网上购物系统”中的库存上限和下限，并且可以查询商品的当前库存情况
	管理商品类别	对“网上购物系统”中商品的分类进行添加、删除和修改的处理
	管理支付方式	对“网上购物系统”中支持的支付方式进行添加、删除和修改的处理
	管理订单	对前台购物用户在“网上购物系统”中产生的订单进行查询、派送等处理

“网上购物系统”与系统管理员相关的用例，如表 8-4 所示。

表 8-4　系统管理员用例表

参与者	用 例 名 称	用 例 说 明
系统管理者	管理网上售货员	添加、删除或修改“网上购物系统”中的各类售货员信息
	管理购物用户	查询前台购物用户信息，并可修改购物用户密码
	统计数据	了解商品销售数量、商品库存现状、商品销售排行等信息
	发布公告	发布“网上购物系统”的相关公告
	配置系统	完成系统数据备份、数据恢复、系统数据初始化、密码设置和权限管理等操作
	导入和导出数据	完成系统内、外数据的转换操作

根据用例表，应用 Powerdesign 进行需求建模，得到“网上购物系统”的参与者和用例模型。该“网上购物系统”的参与者有“购物用户”“网上销售员”和“系统管理员”三种。

（1）根据购物用户的用例表，构建的用例图如图 8-6 所示。购物用户在查看个人资料时，既可以查看历史账单，也可以查看当前订单，因此将“查看个人资料”用例可以细分成“查看历史账单”用例和“查看当前订单”用例。系统的购物功能是由搜索商品、添加商品至购物车、删除购物车中商品和修改商品数量等小功能集合而成，因此将“购物”用例细分为“搜索商品”用例、“添加商品至购物车”用例、“删除购物车中商品”用例和“修改商品数量”用例。

购物用户相关的用例图：

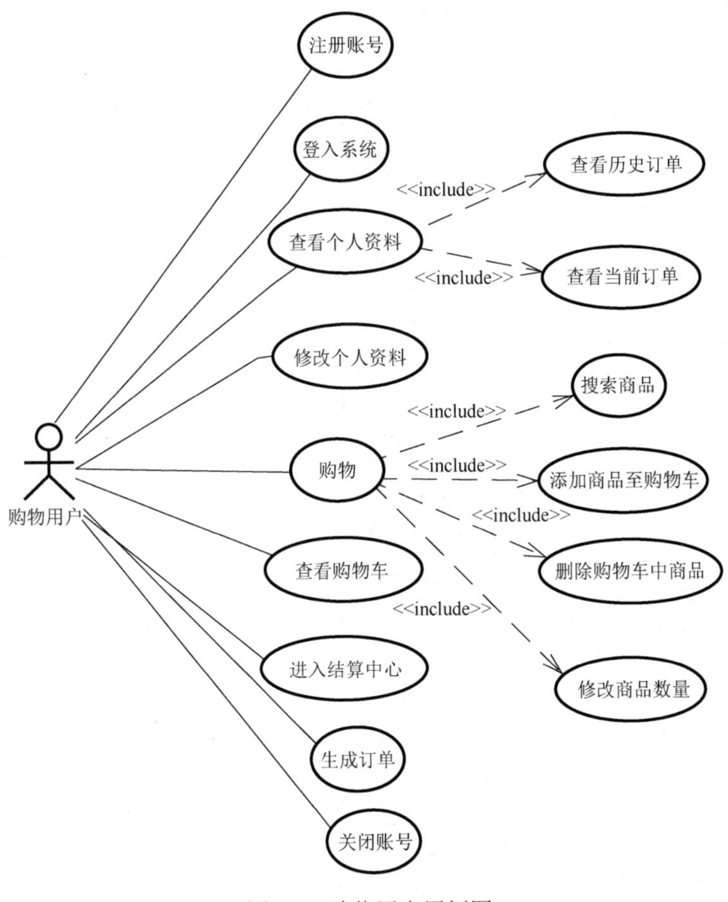

图 8-6　购物用户用例图

（2）根据网上售货员的用例表，构建的用例图如图 8-7 所示。在网上售货员管理库存时，一般要查看各类商品的库存量，根据库存量进行添加或删除商品操作。因此“管理库存”用例包含了“查询商品库存”用例。网上售货员在进行管理订单时，都要先查看订单的商品信息，然后再进行相应的商品配送，因此“管理订单”用例可以细分为“查询订单”用例和“派送订单”用例。

网上售货员相关的用例图：

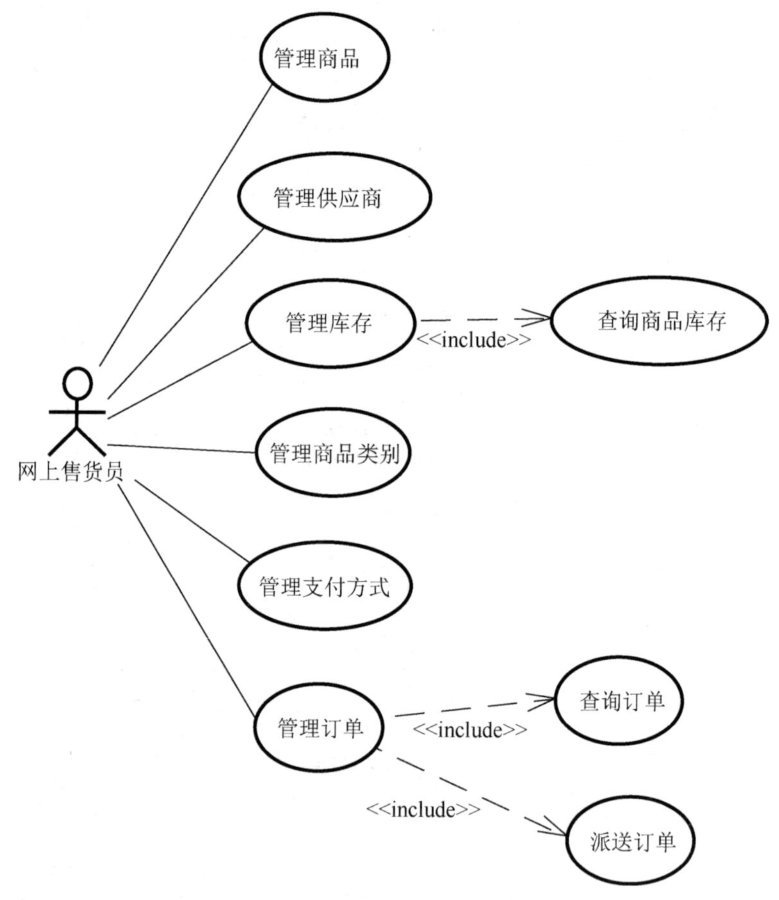

图 8-7　网上售货员用例图

（3）根据系统管理员的用例表，构建的用例图如图 8-8 所示。系统管理员在管理购物用户时，可以进行查询用户、修改用户密码和删除购物用户等不同操作，因此“管理购物用户”用例可以细分为“查询用户信息”用例、“修改用户密码”用例和“删除购物用户”用例。配置系统是系统管理员的主要任务，它保证了系统安全有效运行，包括初始化系统、密码设置、权限设置、数据备份、数据恢复。因此“配置系统”用例包含了“初始化系统”用例、“密码设置”用例、“权限设置”用例、“数据备份”用例和“数据恢复”用例。

系统管理员的用例图：

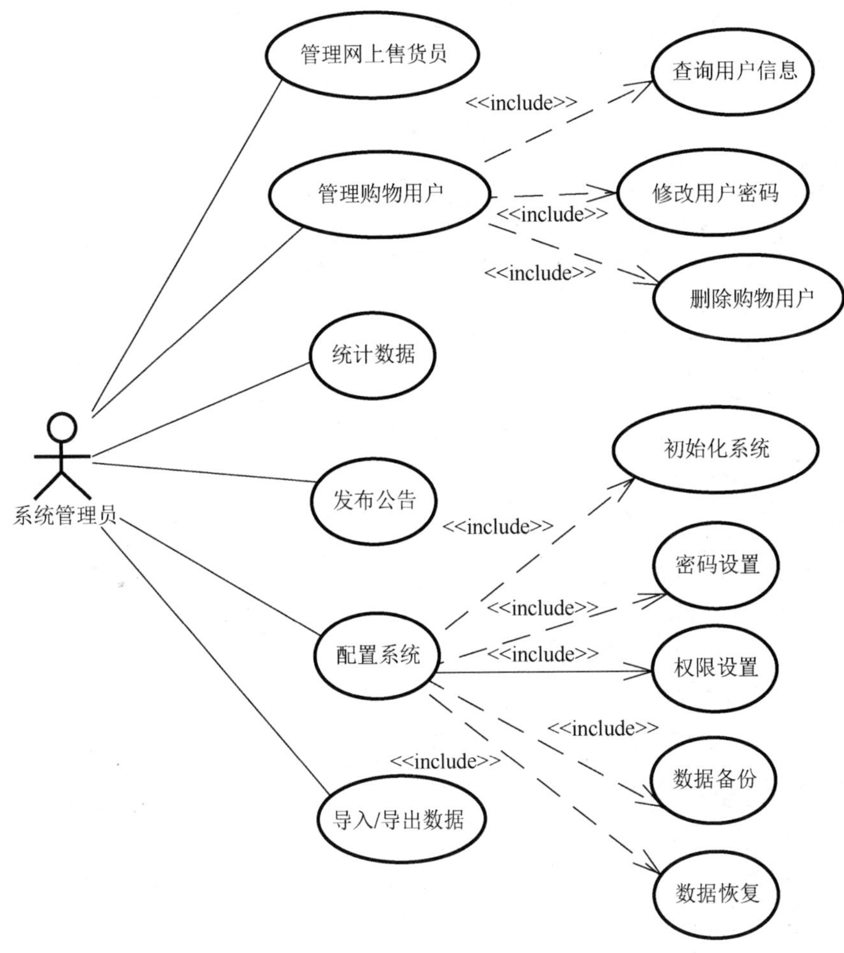

图 8-8　系统管理员用例图

8.2.3　软件分析建模

系统需求分析主要是围绕着“网上购物系统”的三个参与者“购物用户”“网

上销售员”和“系统管理者”进行的，并构建了它们的相关用例图。本小节根据构建的系统需求用例模型，针对“购物用户”“网上销售员”和“系统管理员”分别进行系统的静态结构分析建模和动态功能分析建模，系统的静态结构模型用类图表示，动态功能模型用活动图表示。

1）系统静态结构分析建模

根据“网上购物系统”的需求用例模型和需求描述，分析得到系统要实现这些用例所必须具备的类，如表 8-5 所示。

表 8-5　系统类表

编　号	类 名 称	类 说 明
1	系统管理员	对“网上购物系统”的系统信息进行管理的管理员
2	网上售货员	对“网上购物系统”的商品、订单进行管理的管理员
3	购物用户	在“网上购物系统”中进行购物的用户
4	商品	商品的基本信息
5	供货商	供货商的基本信息
6	订单项	用户购买某商品的信息
7	订单	用户一次购物活动的订单信息
8	支付方式	可选的支付方式
9	商品信息类	所有商品的信息列表
10	供货商信息类	所有供货商的信息列表
11	网上售货员信息类	所有网上售货员的信息列表
12	购物用户信息类	所有购物用户的信息列表
13	订单信息类	所有订单的信息列表
14	数据	系统各种数据的信息

（1）与购物用户相关的类和它们之间的关系如图 8-9 所示。下面将各个类的属性和操作及它们之间的相互关系介绍如下。

① 购物用户。

- 类名：购物用户。
- 类的类型：该类创建的对象为永久对象，存储在服务器的数据库中，不可以共享。
- 属性：用户名称、用户编号、用户地址、历史订单、当前订单。
- 操作：搜索商品（）、选择商品（）、删除商品（）、付款（）。

- 和其他类的关系：该类和“商品”类之间有多对多的关系，该类和“订单”类之间有一对多的弱聚合关系。

② 商品。

- 类名：商品。
- 类的类型：该类创建的对象为永久对象，存储在服务器的数据库中，可以共享。
- 属性：商品名称、商品编号、商品介绍、单价、所属供货商。
- 和其他类的关系：该类和“供货商”类之间有多对一的关系。

③ 供货商。

- 类名：供货商。
- 类的类型：该类创建的对象为永久对象，存储在服务器的数据库中，可以共享。
- 属性：供货商名称、供货商编号、供货商介绍、所供商品。
- 和其他类的关系：该类和“商品”类之间有一对多的关系。

④ 订单项。

- 类名：订单项。
- 类的类型：该类创建的对象为临时对象。
- 属性：商品名称、商品编号、数量、金额。
- 和其他类的关系：该类和“商品”有多对一的关系，该类和“订单”类之间有多对一的弱聚合关系。

⑤ 订单。

- 类名：订单。
- 类的类型：该类创建的对象为永久对象，存储在服务器的数据库中，不可共享。
- 属性：订单项列表、商品总金额。
- 操作：计算总金额（）。
- 和其他类的关系：该类和“订单项”类之间有一对多的弱聚合关系，该类和“购物用户”类之间有多对一的弱聚合关系。

（2）与网上售货员相关的类和它们之间的关系如图 8-10 所示。下面将各个类的属性和操作及它们之间的相互关系介绍如下。

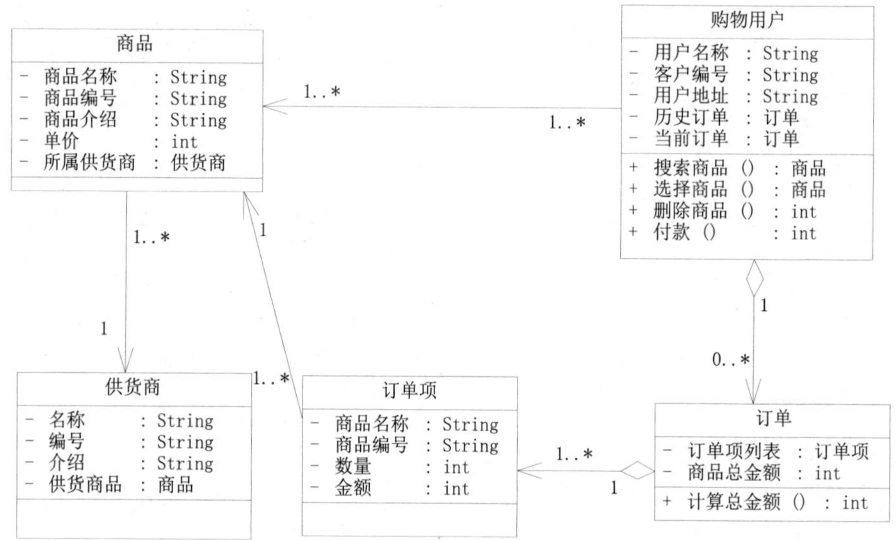

图 8-9 系统类图一

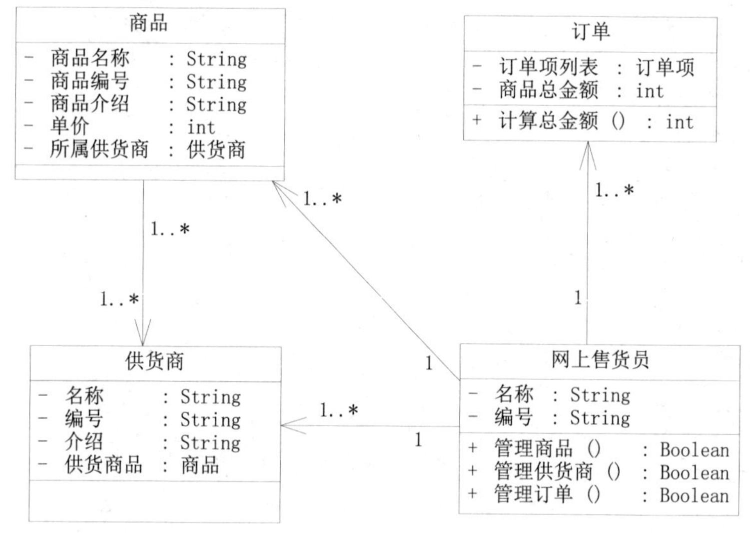

图 8-10 系统类图二

网上售货员。

- 类名：网上售货员。
- 类的类型：该类创建的对象为永久对象，存储在服务器的数据库中，不可以共享。

- 属性：名称、编号。
- 操作：管理商品（）、管理供货商（）、管理订单（）。
- 和其他类的关系：该类和“商品”类、“供货商”类之间分别有多对多的关系，该类和“订单”类之间有一对多的关系。

（3）与系统管理员相关的类和它们之间的关系如图 8-11 所示。下面将各个类的属性和操作及它们之间的相互关系介绍如下。

① 系统管理员。

- 类名：系统管理员。
- 类的类型：该类创建的对象为永久对象，存储在服务器的数据库中，不可以共享。
- 属性：名称、编号、权限。
- 和其他类的关系：该类和“售货员信息”类、“供货商信息”类、“购物用户信息”类、“商品信息”类、“订单信息”类、“数据”类之间分别有多对一的关系。

② 售货员信息。

- 类名：售货员信息。
- 类的类型：该类创建的对象为永久对象，且整个系统只有唯一一个对象，存储在服务器的数据库中。
- 属性：售货员列表。
- 操作：管理售货员（）。
- 和其他类的关系：该类和“网上售货员”类之间分别有一对多的弱聚合关系，该类和“数据”类之间有一对一的弱聚合关系。

③ 购物用户信息。

- 类名：购物用户信息。
- 类的类型：该类创建的对象为永久对象，且整个系统只有唯一一个对象，存储在服务器的数据库中。
- 属性：用户列表。
- 操作：管理用户（）。
- 和其他类的关系：该类和“购物用户”类之间分别有一对多的弱聚合关系，该类和“数据”类之间有一对一的弱聚合关系。

④ 商品信息。

- 类名：商品信息。
- 类的类型：该类创建的对象为永久对象，且整个系统只有唯一一个对象，存储在服务器的数据库中。
- 属性：商品列表。
- 操作：管理商品（）。
- 和其他类的关系：该类和“商品”类之间分别有一对多的弱聚合关系，该类和“数据”类之间有一对一的弱聚合关系。

⑤ 供货商信息。

- 类名：供货商信息。
- 类的类型：该类创建的对象为永久对象，且整个系统只有唯一一个对象，存储在服务器的数据库中。
- 属性：供货商列表。
- 操作：管理供货商（）。
- 和其他类的关系：该类和“供货商”类之间分别有一对多的弱聚合关系，该类和“数据”类之间有一对一的弱聚合关系。

⑥ 订单信息。

- 类名：订单信息。
- 类的类型：该类创建的对象为永久对象，且整个系统只有唯一一个对象，存储在服务器的数据库中。
- 属性：订单列表。
- 操作：管理订单（）、统计销售数据（）。
- 和其他类的关系：该类和“订单”类之间分别有一对多的弱聚合关系，该类和“数据”类之间有一对一的弱聚合关系。

⑦ 数据。

- 类名：数据。
- 类的类型：该类创建的对象为永久对象，且整个系统只有唯一一个对象，存储在服务器的数据库中。
- 属性：购物用户数据、商品数据、售货员数据、供货商数据、订单数据。
- 操作：数据备份（）、数据恢复（）、数据导出（）、数据导入（）。

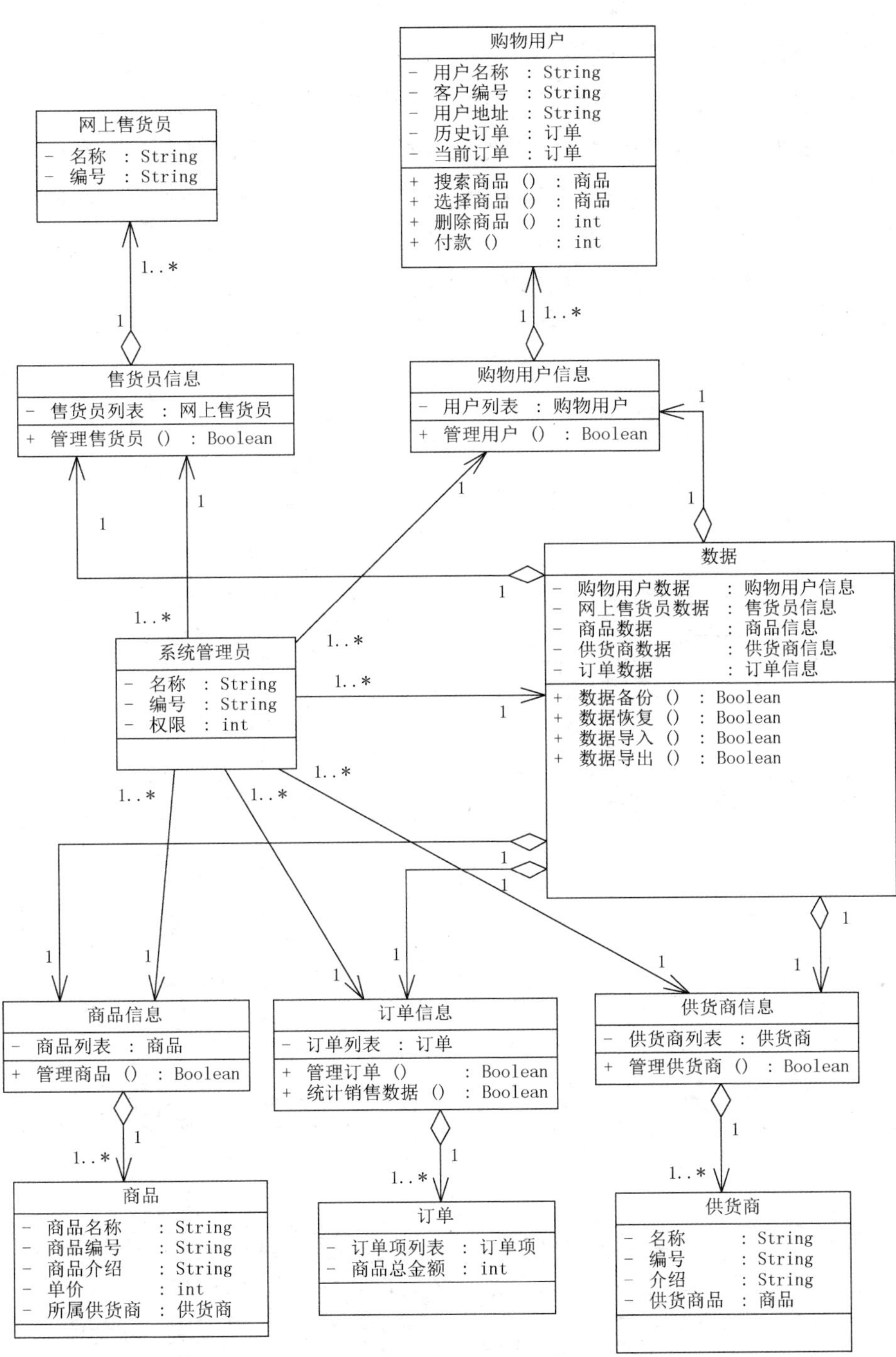
购物用户
- 用户名称 : String
- 客户编号 : String
- 用户地址 : String
- 历史订单 : 订单
- 当前订单 : 订单
+ 搜索商品 () : 商品
+ 选择商品 () : 商品
+ 删除商品 () : int
+ 付款 () : int
网上售货员
- 名称 : String
- 编号 : String
售货员信息
- 售货员列表 : 网上售货员
+ 管理售货员 () : Boolean
购物用户信息
- 用户列表 : 购物用户
+ 管理用户 () : Boolean
数据
- 购物用户数据 : 购物用户信息
- 网上售货员数据 : 售货员信息
- 商品数据 : 商品信息
- 供货商数据 : 供货商信息
- 订单数据 : 订单信息
+ 数据备份 () : Boolean
+ 数据恢复 () : Boolean
+ 数据导入 () : Boolean
+ 数据导出 () : Boolean
系统管理员
- 名称 : String
- 编号 : String
- 权限 : int
商品信息
- 商品列表 : 商品
+ 管理商品 () : Boolean
订单信息
- 订单列表 : 订单
+ 管理订单 () : Boolean
+ 统计销售数据 () : Boolean
供货商信息
- 供货商列表 : 供货商
+ 管理供货商 () : Boolean
商品
- 商品名称 : String
- 商品编号 : String
- 商品介绍 : String
- 单价 : int
- 所属供货商 : 供货商
订单
- 订单项列表 : 订单项
- 商品总金额 : int
供货商
- 名称 : String
- 编号 : String
- 介绍 : String
- 供货商品 : 商品

图 8-11　系统类图三

2）系统动态功能分析建模

“网上购物系统”所提供给三个参与者（购物用户、网上售货员、系统管理员）的功能是根据它们各自的用例分析模型得出的，主要用活动图来展示，参与者的每个活动代表着系统提供的某个功能。一般人们通过对参与者的操作或输入数据进行计算处理，得到所需要的结果，解决“网上购物系统”要“做什么”的问题。

（1）用户购物活动图是根据购物用户的用例图（图 8-12）构建的。详细介绍如下。

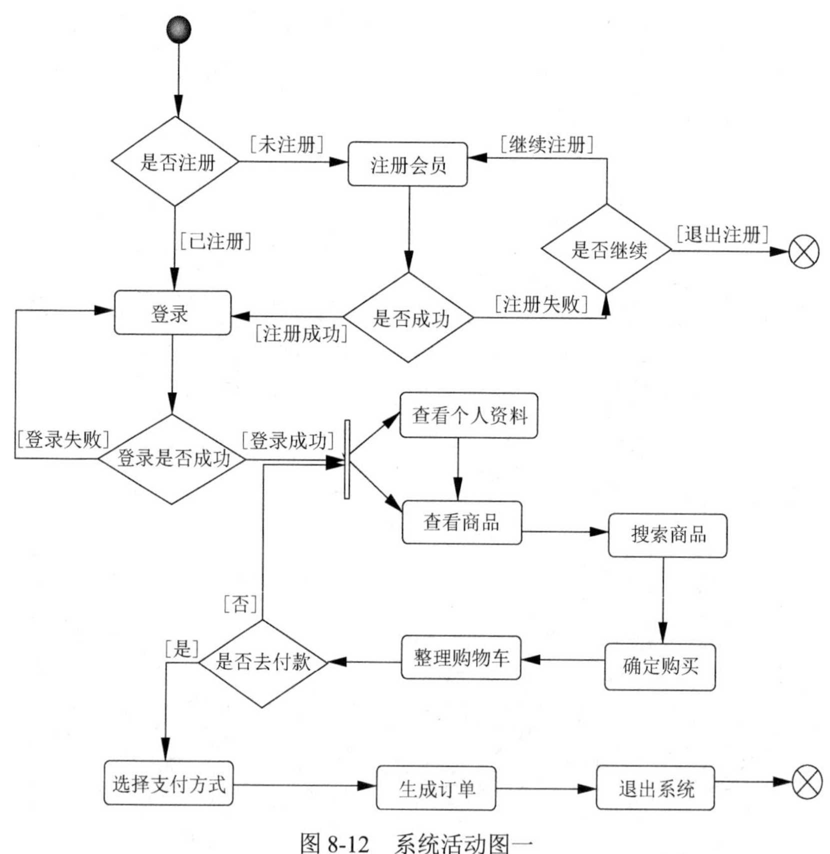

图 8-12　系统活动图一

① 用户打开“网上购物系统”时，首先判断“是否注册”，若未注册，则用户要行进“注册会员”活动，注册成功之后才可以“登录”，购买产品。

② 用户成功登陆“网上购物系统”后，可以进行查看个人资料和购买商品等活动。

③ 用户购买某商品是按“查看商品”“搜索商品”“确定购买”“整理购物车”的活动顺序进行的。

④ 用户购买完一件商品后，如果确定付款，就开始“选择支付方式”活动，如果还要购买其他商品，则重新开始购买商品的一系列活动。

⑤ 用户付款后，系统会生成用户本次购物活动的订单。

⑥ 用户完成所有的活动后就可以“退出系统”。

（2）售货员的活动模型是根据网上售货员的用例图［图 8-13（a)］构建的。详细介绍如下。

① 售货员首先要“登录系统”，才可以进行一系列活动。

② 售货员登录系统后，可以分别进行“管理商品”“管理供货商”“管理库存”“管理商品类”“管理订单”“管理支付方式”等活动。其中的每个活动都可以再展开为其他的子活动，“管理商品”活动的展开如图 8-13（b）所示。

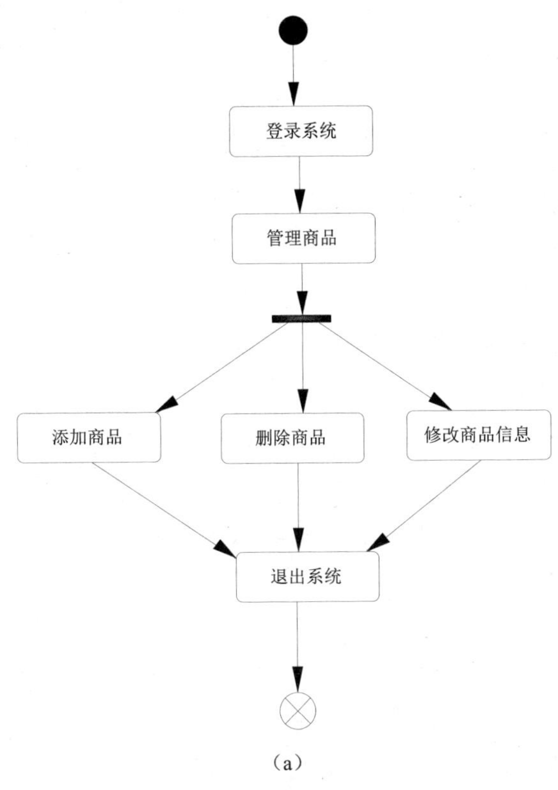

（a）

图 8-13　系统活动图二

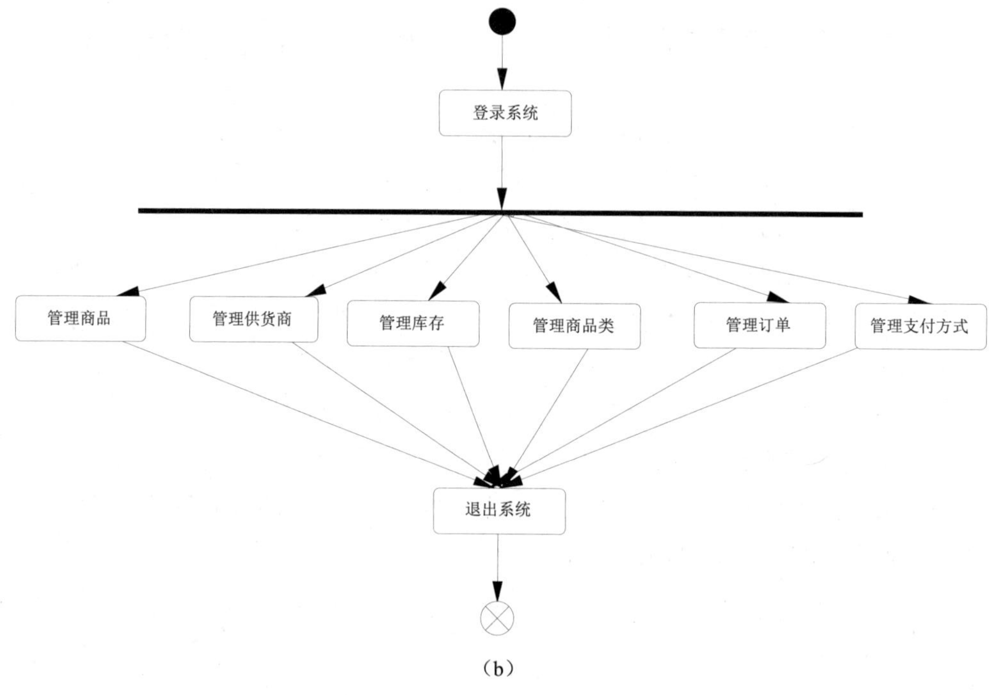

（b）

图 8-13　系统活动图二（续）

③ 售货员在进行管理商品时，可以分别进行“添加商品”“删除商品”“修改商品信息”三个活动。

④ 售货员完成相关操作后，就可以“退出系统”。

（3）管理员的维护系统数据活动模型是根据系统管理员的用例图（图 8-14）构建的。详细介绍如下。

① 管理员首先要“登录系统”才可以进行一系列活动。

② 管理员在登录系统后，可以分别进行“维护系统数据”“管理网上售货员”“管理用户”“统计数据”“发布公告”“导入/导出数据”等活动，其中“维护系统数据”“管理网上售货员”“管理用户”都可以展开为其他的子活动，“维护系统数据”的展开活动图如图 8-15 所示。

③ 管理员在进行维护系统时，可以分别进行“初始化系统”“权限设置”“备份数据”“恢复数据”“密码设置”五个活动。

④ 管理员完成相关操作后，就可以“退出系统”。

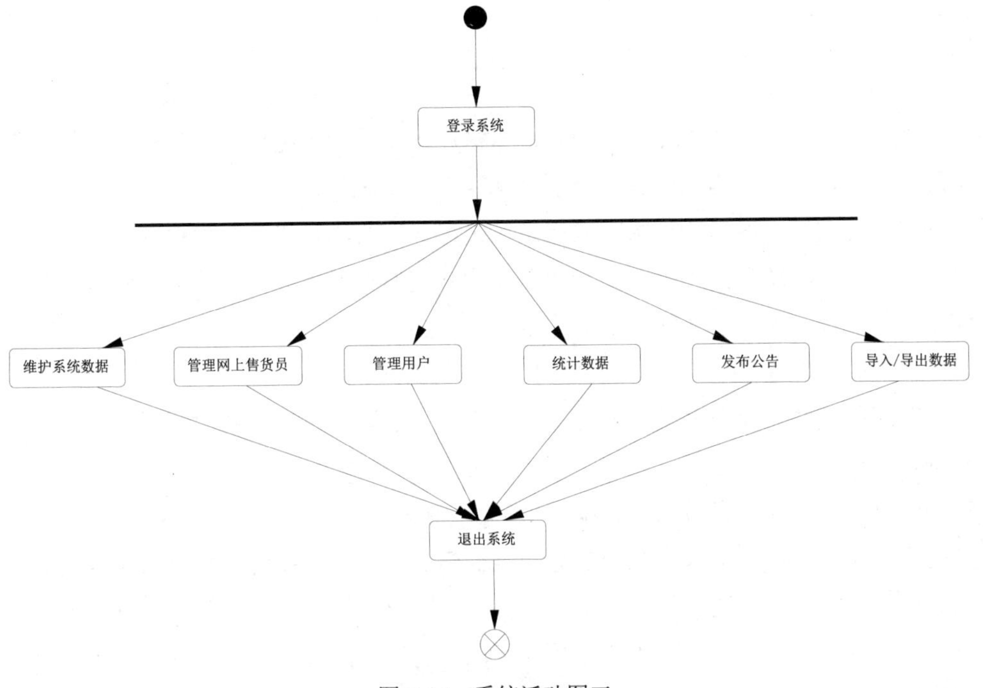

图 8-14　系统活动图三

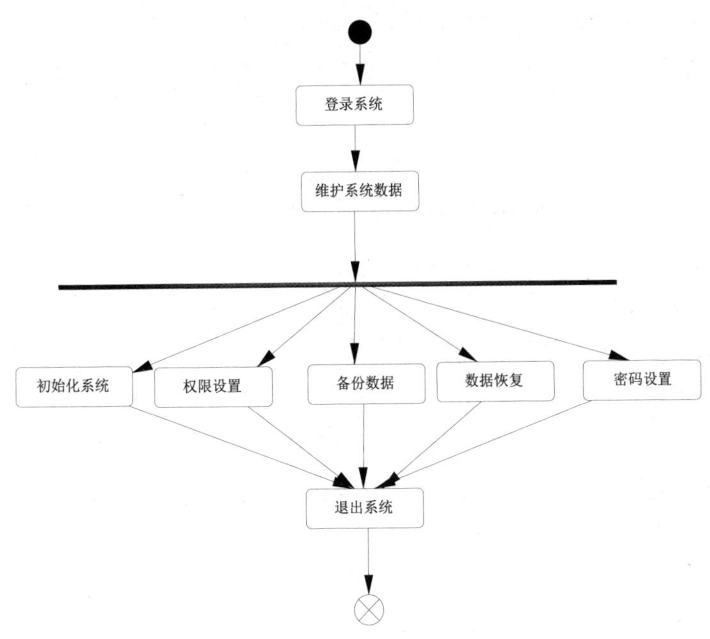

图 8-15　系统活动图四

8.2.4 软件设计建模

在完成了“网上购物系统”的分析建模后，软件设计建模主要是解决系统如何实现分析建模中所提出的问题。由于“网上售货系统”采用的是B/S模式，要同时处理多个购物用户的购物请求，因此系统采用分布式结构设计。根据软件分析得出的“网上购物系统”的功能，人们用时序图和交互图对系统的行为进行设计建模，使每个功能都有相应的系统行为来实现。

1） 时序图建模

时序图关注对象之间消息传递的时间顺序，这里重点对购物用户的一次购物流程进行建模设计。

购物用户打开登录页面后，输入用户名和密码，成功登录后系统转入用户界面，在用户界面用户可以选择查看商品界面进行商品浏览，在查看商品界面查看某种商品的信息，如商品描述、数量、单价等。如果用户选择购买某种商品，就把该商品添加到订单中，在选择完购买商品后，用户在支付界面进行付款，从而完成整个购物流程。

用户的整个购物流程如图8-16所示，详细介绍如下。

（1）选择登录。“购物用户”对象启动“登录界面”对象，想登录系统进行购物。

涉及的对象如下。

① 消息发送者：“购物用户”对象。

② 消息接收者：“登录界面”对象。

传递的消息如下。

① 消息：登录（）。

② 消息类型：同步消息。

③ 返回消息：可以登录或系统忙稍后再试。

（2）登录系统。在登录界面输入账号密码，经系统验证正确后，启动“用户界面”对象。

涉及的对象如下。

① 消息发送者：“登录界面”对象。

② 消息接收者："用户界面"对象。

传递的消息如下。

① 消息：账户密码（）。

② 消息类型：同步消息。

③ 返回消息：账户密码正确或出错信息。

（3）浏览商品。"用户界面"对象启动"查看商品界面"对象，供用户进行商品浏览。

涉及的对象如下。

① 消息发送者："用户界面"对象。

② 消息接收者："查看商品界面"对象。

传递的消息如下。

① 消息：浏览商品（）。

② 消息类型：同步消息。

③ 返回消息：商品目录信息或出错信息。

（4）查看商品信息。在查看商品界面，选择某种商品，查看其详细信息。

涉及的对象如下。

① 消息发送者："查看商品界面"对象。

② 消息接收者："商品"对象。

传递的消息如下。

① 消息：查看信息（）。

② 消息类型：同步消息。

③ 返回消息：商品详细信息或出错信息。

（5）购买该商品。将要购买的商品信息添加到"订单"对象中。

涉及的对象如下。

① 消息发送者："用户界面"对象。

② 消息接收者："订单"对象。

传递的消息如下。

① 消息：购买商品（）。

② 消息类型：同步消息。

③ 返回消息：添加成功或出错信息。

（6）付款。完成商品选购后，“用户界面”对象启动“支付方式界面”对象，进行付款。

涉及的对象如下。

① 消息发送者：“用户界面”对象。

② 消息接收者：“支付方式界面”对象。

传递的消息如下。

① 消息：付款（）。

② 消息类型：同步消息。

③ 返回消息：支付成功或出错信息。

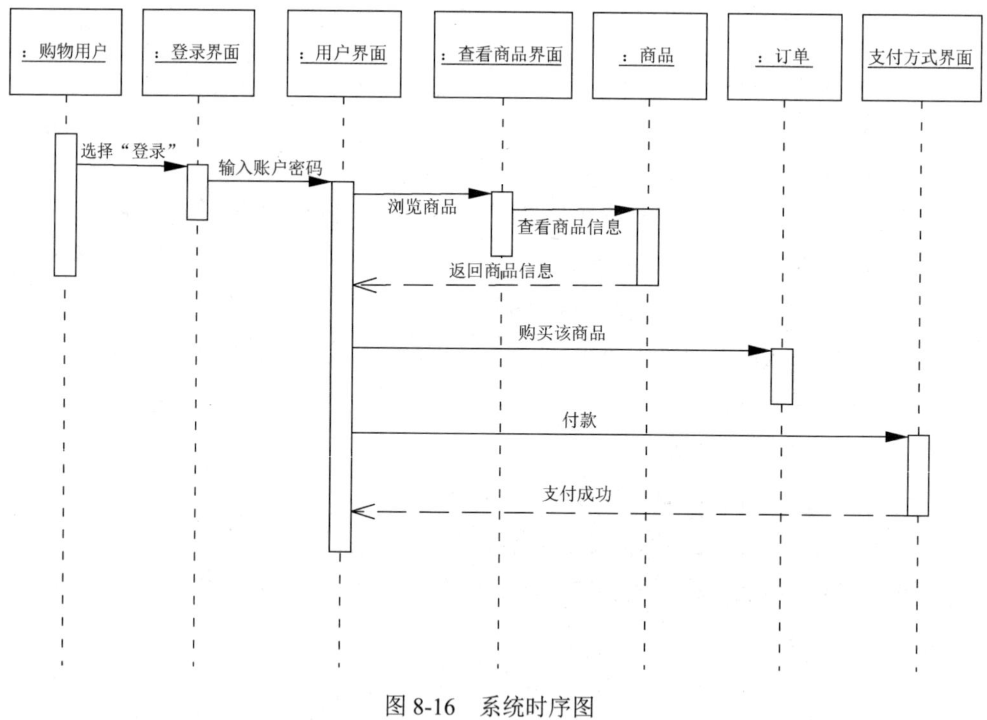

图 8-16　系统时序图

2）交互图建模

交互图重点描述系统中对象之间的组织控制关系，在此重点对网上售货员处理订单的用例进行交互建模。

网上售货员成功登录系统后，在管理订单界面对购物用户提交的订单进行处理，根据每个订单生成相应的商品清单，然后根据商品清单查询仓库，确认是否有足够的商品提供给用户，确认有足够的商品时就生成发货单，这就完成了一个订单的处理过程。

网上售货员处理订单的交互图如图 8-17 所示，详细介绍如下。

（1）登录系统。“网上售货员”启动“管理订单界面”，对购物用户提供的订单进行处理。

涉及的对象如下。

① 消息发送者：“网上售货员”对象。

② 消息接收者：“管理订单界面”对象。

传递的消息如下。

① 消息：账户密码（）。

② 消息类型：同步消息。

③ 返回消息：账户密码正确或出错信息。

（2）处理订单。选择一个未处理的订单进行处理。

涉及的对象如下。

① 消息发送者：“管理订单界面”对象。

② 消息接收者：“订单”对象。

传递的消息如下。

① 消息：处理（）。

② 消息类型：同步消息。

③ 返回消息：处理结束或出错信息。

（3）创建商品清单。根据“订单”对象的信息创建“商品清单”对象。

涉及的对象如下。

① 消息发送者：“订单”对象。

② 消息接收者：“商品清单”对象。

传递的消息如下。

① 消息：创建（）。

② 消息类型：同步消息。

③ 返回消息：创建成功或出错信息。

（4）查询仓库。根据“商品清单”对象的信息，查询仓库是否有足够的商品。

涉及的对象如下。

① 消息发送者：“商品清单”对象。

② 消息接收者：“仓库”对象。

传递的消息如下。

① 消息：查询（）。

② 消息类型：同步消息。

③ 返回消息：商品充足、商品不足、出错信息。

（5）创建发货单。如果仓库商品充足，就创建“发货单”对象，对购物用户进行发货。

涉及的对象如下。

① 消息发送者：“商品清单”对象。

② 消息接收者：“发货单”对象。

传递的消息如下。

① 消息：创建（）。

② 消息类型：同步消息。

③ 返回消息：创建成功或出错信息。

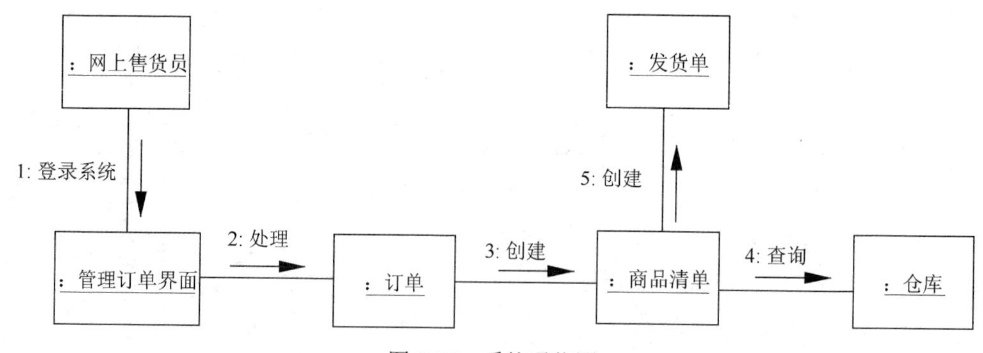

图 8-17　系统通信图

8.3　本章小结

本章以“网上超市”的开发项目为例，应用 PowerDesigner 工具，介绍了项目的开发建模过程。在需求分析阶段，根据客户的要求，确定系统的参与者和它们相应的用例，并根据这些用例建立各自的用例图，确定了系统的需求模型。在软件分析建模阶段，本章围绕创建的用例图，对系统进行静态结构建模和动态功能建模，确定系统的静态组织关系模型和动态功能模型。在软件设计阶段，本章围绕实现系统的动态功能，设计系统模型中对象的交互方式和消息传递顺序。

参 考 文 献

[1] 朱三元，钱乐秋，宿为民. 软件工程技术概论[M]. 北京：科学出版社，2002.

[2] 白尚旺，党伟超. PowerDesigner 软件工程技术[M]. 北京：电子工业出版社，2004.

[3] 范晓平. UML 建模实例详解[M]. 北京：清华大学出版社，2005.

[4] 陈涵生，郑明华. 基于 UML 的面向对象建模技术[M]. 北京：科学出版社，2006.

[5] SCHACH S，沙赫，陈宗斌. 面向对象分析与设计导论：使用 UML 和统一过程[M]. 北京：高等教育出版社，2006.

[6] MAKSIMCHUK G B R A . 面向对象分析与设计[M]. 3 版. 北京：人民邮电出版社，2009.

[7] 赵韶平. PowerDesigner 系统分析与建模[M]. 北京：清华大学出版社，2010.

[8] MICHAEL B，RUMBAUGH J. UML 面向对象建模与设计[M]. 2 版. 北京：人民邮电出版社，2011.

[9] 布奇等. 面向对象分析与设计：Object-oriented analysis and design with applications[M]. 王海鹏，潘加宇，译. 北京：电子工业出版社，2012.

[10] 孙宪丽，关颖，李波. PowerDesigner 15 系统分析与建模实战[M]. 北京：清华大学出版社，2012.

[11] SIMON B，STEVE M，RAY F，等. UML 2.2 面向对象分析与设计[M]. 北京：清华大学出版社，2013.

[12] 麻志毅. 面向对象分析与设计[M]. 北京：机械工业出版社，2013.

[13] 孙玉山，徐汉川. 面向对象技术与系统建模[M]. 北京：电子工业出版社，2015.

[14] GRADY B. 面向对象分析与设计[M]. 2 版. 北京：电子工业出版社，2016.

[15] 荣国平，张贺，邵栋，等. 软件过程与管理方法综述[J]. 软件学报，2019，30（1）：62-79.

[16] 马晓星，刘譞哲，谢冰,等. 软件开发方法发展回顾与展望[J]. 软件学报，2019，30（1）：3-21.

[17] 冀付军，程诺. 面向对象分析的发展现状[J]. 软件工程与应用，2020，9（5）：8.

[18] OMG. OMG Unified Modeling LanguageTM，Superstructure. Version 2.4 [EB/OL].（2012-5-7）[2021-8-10]. https://www.omg.org/spec/UML/ISO/19505-2/PDF.

[19] OMG. OMG Unified Modeling LanguageTM，Infrastructure. Version 2.4 [EB/OL].（2012-5-6）[2021-8-10]. https://www.omg.org/spec/UML/ISO/19505-1/PDF.

[20] OMG Group. OMG Systems Modeling Language（OMG SysML）Version 1.6[EB/OL].（2019-11-1）[2021-8-10].https://www.omg.org/spec/SysML/1.6/, 2019.

反侵权盗版声明